中国环境规划政策绿皮书

长江经济带生态环境保护修复进展报告2020

孙宏亮　续衍雪　杨文杰　巨文慧　等／编著

U0252154

中国环境出版集团·北京

图书在版编目（CIP）数据

长江经济带生态环境保护修复进展报告. 2020/孙宏亮
等编著. —北京：中国环境出版集团，2022.3
（中国环境规划政策绿皮书）
ISBN 978-7-5111-5093-6

Ⅰ. ①长…　Ⅱ. ①孙…　Ⅲ. ①长江经济带—生态环
境保护—研究报告—2020　Ⅳ. ①X321.25

中国版本图书馆 CIP 数据核字（2022）第 044518 号

出 版 人　武德凯
责任编辑　葛　莉
责任校对　薄军霞
封面设计　彭　杉

出版发行　**中国环境出版集团**
　　　　　（100062　北京市东城区广渠门内大街 16 号）
　　　　　网　　　址：http://www.cesp.com.cn
　　　　　电子邮箱：bjgl@cesp.com.cn
　　　　　联系电话：010-67112765（编辑管理部）
　　　　　发行热线：010-67125803，010-67113405（传真）
印　　刷　北京中科印刷有限公司
经　　销　各地新华书店
版　　次　2022 年 3 月第 1 版
印　　次　2022 年 3 月第 1 次印刷
开　　本　787×1092　1/16
印　　张　12.5
字　　数　160 千字
定　　价　87.00 元

《长江经济带生态环境保护修复进展报告 2020》

编 委 会

前　言

　　长江经济带覆盖上海、江苏、浙江、安徽、江西、湖北、湖南、重庆、四川、贵州、云南 11 个省（市），面积约 205 万 km²，人口和生产总值均超过全国的 40%，是我国经济重心所在、活力所在。习近平总书记高度重视长江生态保护工作，于 2016 年 1 月、2018 年 4 月、2020 年 11 月，分别在重庆、武汉、南京主持召开推动长江经济带发展座谈会并发表重要讲话，层层递进、深入全面地对长江保护工作做出重要部署。

　　2018 年 2 月，生态环境部环境规划院成立了长江经济带生态环境联合研究中心（以下简称研究中心）。研究中心面向长江经济带生态环境领域重大需求，致力于提高长江经济带生态环境管理水平。环境规划院自 2001 年成立至今，已有 20 年。为庆祝建院 20 周年，也为更好地总结研究中心年度工作开展情况，我们编制了《长江经济带生态环境保护修复进展报告 2020》，为政府制定相关政策及法规提供科学依据。

　　本书包含现状、政策、区域三大篇章。现状部分，从水、大气、土壤等角度分析了长江经济带及重点地区生态环境现状。政策部分，梳理了长江保护修复攻坚战中国家相关部委印发的文件以及沿江省（市）攻坚战成果，对《中华人民共和国长江保护法》进行解读，介绍了长江经济带生态补偿机制实施情况，分析了"十四五"期间长江流域水生态环境保护趋势。区域部分，以长三角地区、丹江口库区、湖北三峡地区、赤水河流域为重点，分析了区域生态环境基础及生态环境保护形势，并对地区未来生态环境保护提出了政策建议。

执行摘要

长江经济带覆盖上海、江苏、浙江、安徽、江西、湖北、湖南、重庆、四川、贵州、云南 11 个省（市），面积约 205 万 km^2，人口和生产总值均超过全国的 40%，是我国经济重心所在、活力所在。习近平总书记高度重视长江生态保护工作，于 2016 年 1 月、2018 年 4 月、2020 年 11 月，分别在重庆、武汉、南京主持召开推动长江经济带发展座谈会并发表重要讲话，层层递进、深入全面地对长江保护工作做出重要部署。

2018 年，习近平总书记主持召开中央财经委员会第一次会议时强调，打好污染防治攻坚战，将长江保护修复攻坚战作为七大标志性战役之一，坚持新发展理念，使长江经济带成为引领我国经济高质量发展的生力军。2018 年 12 月，生态环境部牵头印发了《长江保护修复攻坚战行动计划》，对打好长江保护修复攻坚战提出具体目标和要求。

2020 年，国家相关部委及沿江 11 个省（市）以"共抓大保护，不搞大开发"为核心，秉承绿色发展理念，开展了大量工作，实施多项专项行动，并取得了积极成果。

2020 年，长江经济带达到或优于Ⅲ类断面比例为 87.6%，较 2015 年上升 14.1 个百分点；劣Ⅴ类断面比例为 0.4%，较 2015 年下降 5.9 个百分点；水质状况由 2015 年的"轻度污染"提升为 2020 年的"良好"，主要污染因子为总磷、化学需氧量、高锰酸盐指数。"十三五"期间，长江经济带空气质量改善显著，6 项大气常规污染物中，除 O_3 日最大 8 小时滑动平均值第 90 百分位数浓度上升外，其他 5 项污染物浓度均呈下降趋势。长江经济带土壤环境风险管控进一步强化，持续推动土壤污染风险管控工作，加强地方标准规范体系建设。国家层面强化生物多样性保护，率先实现长江重点流域禁捕，强化自然保护地保护，出台自然保护地体系建设实施意见，有序推进自然保护地整合优化和执法工作。

自2021年3月1日起，《中华人民共和国长江保护法》（以下简称《长江保护法》）正式实施，为规范长江流域生态环境保护和修复以及长江流域各类生产生活、开发建设活动提供了制度保障。《长江保护法》的出台有利于妥善处理保护与发展的关系，有利于统筹考虑近期和远期的关系，有利于系统强化多领域、多要素治理，有利于整体谋划上中下游、左右岸协同保护，有利于鼓励调动多元化、市场化治理的积极性。《长江保护法》实施过程中，应始终坚持"生态优先，绿色发展""共抓大保护，不搞大开发"的核心原则，强化制度建设，建立流域协调机制，重拳出击，严格执法。

长江经济带生态补偿机制建设工作取得了积极进展，有力地推动了流域水生态环境质量的提升。但是，由于生态补偿涉及领域多、范围广、利益关系复杂，还存在诸多问题。今后，应以建立完善全流域、多元化、市场化、高水平、综合性、可持续的生态补偿长效机制为目标，梳理长江经济带生态环境问题清单并明确优先顺序，以问题为导向，建立全流域基于生态功能的生态补偿机制，着重解决长江流域干支流水质污染严重和水资源需求矛盾突出的问题，努力实现山水林田湖草的综合生态效益。

长江保护修复工作取得了积极进展与成效，"十四五"期间，应贯彻落实习近平总书记关于长江经济带发展的系列重要讲话精神，要把修复长江生态环境摆在压倒性位置，以持续改善长江生态环境质量为核心，从生态系统整体性和流域系统性出发，加强生态环境综合治理、系统治理、源头治理，强化国土空间管控，统筹水环境、水生态、水资源、水安全，推进精准治污、科学治污、依法治污，谱写生态优先、绿色发展新篇章，确保一江清水绵延后世、惠泽人民。

长江经济带地区中，长三角地区、丹江口库区及上游、三峡库区、赤水河流域等地理位置重要，受民众关注程度较大。"十三五"期间，通过加大生态环境保护力度、实行生态补偿，其水生态环境质量明显提升。"十四五"期间，应继续深入打好污染防治攻坚战，强化治污减排与容量提升，以问题和目标为导向，强化水环境、水资源、水生态"三水统筹"，改善长江生态环境和水域生态功能，提升生态系统质量和稳定性，形成全民共建长江大保护的格局。

Executive Summary

The Yangtze River Economic Belt covers 11 provinces and cities， including Shanghai，Jiangsu，Zhejiang，Anhui，Jiangxi，Hubei，Hunan，Chongqing，Guizhou，and Yunnan. The Economic Belt has an area of about 205 million square kilometers with both population and GDP exceeding 40% of the country's total，and it is the focus and vitality of our economy. General Secretary Xi Jinping attaches great importance to the ecological protection of the Yangtze River. In January 2016，April 2018，and November 2020，he chaired on symposiums about advancing the development of the Yangtze River Economic Belt in Chongqing，Wuhan，and Nanjing respectively，and delivered important speeches of making important arrangements of comprehensively advancing the Yangtze River's protection.

On April 2nd，2018，General Secretary Xi Jinping presided over the first meeting of the Financial and Economic Commission of the CPC Central Committee，stressed the importance of fighting the battle of pollution prevention and control，and put forward that battle of protection and restoration of the Yangtze River is one of the seven major battles，the government should adhere to the new concept of development，and make the Yangtze River Economic Belt become a new powerhouse of China's high-quality development. In December 2018，the Ministry of Ecology and Environment led the issuance of *the Action Plan for the Battle for the*

Protection and Restoration of the Yangtze River, which set out specific goals and requirements for the battle.

In 2020, all relevant national departments and 11 provinces and cities along the Yangtze River took "make all efforts on protection and aviod excessive development" as the core, followed the green development concept, carried out a lot of work, implemented a number of special projects, and achieved positive results.

In 2020, 87.6 percent of sections among Yangtze River was above Grade III, with an increase of 14.1 percentage points compared with 2015. The rate of inferior Grade V sections was 0.4%, which decreased 5.9 percentage points from 2015. The water quality of the Yangtze River changed from light pollution in 2015 to good in 2020, and the main pollution factors were total phosphorus, chemical oxygen demand and permanganate index. During the 13th Five-Year Plan period, the air quality of the Yangtze River Economic Belt improved significantly. Among the six atmospheric conventional pollutants, except the 90th percentile of daily maximum 8-hour moving average of O_3, the concentrations of the other five pollutants all showed decreasing trends. In the Yangtze River economic belt, soil environmental risk management and control was further strengthened and continuously promoted, while the construction of local standard system was also strengthened. The government took the lead in banning capture in key Yangtze river basins to protect biodiversity, and issued suggestions on the construction of nature reserves system to strength nature reserves protection and orderly promote the integration, optimization and law enforcement of

nature reserves.

On March 1st，2021，*the Yangtze River Protection Law* was officially implemented，which provided institutional guarantee for regulating eco-environment protection and restoration，as well as various production，living，development and construction activities，in the Yangtze River Basin. The promulgation of *the Yangtze River Protection Law* is conducive to handle the relationships between protection and development，as well as short-term and long-term. Moreover，*the Yangtze River Protection Law* helps in strengthening both multi field and multi factor pollution control，conducing to the overall planning of coordinate protection within upstream，middle and downstream，as well as left and right bank，while encouraging and mobilizing the enthusiasm of multi-element and market-oriented environmental treatment. In the process of implementing *the Yangtze River Protection Law*，the government should always adhere to the core principles of "ecological priority，green development" and "joint efforts for environment protection and no large-scale development"，strength system construction，establish basin coordination mechanism，and maintain strict law enforcement.

The ecological compensation in the Yangtze River Economic Belt has made positive progress，which has effectively promoted the improvement of the water eco-environment quality of the river basin. However，there are still many problems due to the wide range of ecological compensation，complex interest relations and so on. The government aims to establish a basin wide，diversified，market-oriented，high-level，comprehensive and sustainable mechanism of ecological compensation. It combs the list of eco-environmental problems in the Yangtze River Economic Belt and clarifies the priority order, takes the problem as the guidance, focuses on solving the problems of serious water pollution and the contradiction between water resources demand in the main and tributaries of the Yangtze River Basin, establishes the ecological compensation mechanism based on ecological function, in order to realize the comprehensive ecological benefits of mountains, rivers, forests, lakes and grasses.

The Yangtze River Conservation and Restoration work has made positive progress and achievements. During the "14th Five-Year" period, we should implement the spirit of General Secretary Xi Jinping's important speech about the development of the Yangtze River Economic Belt. And put the restoration of ecological environment in an overwhelming position and continue to improve the quality of ecological environment. We will strengthen the comprehensive, systematic and source control of the ecological environment, strengthen the control of land and space, coordinate water environment, water ecology, water resources and water security, promote the precise, scientific and legal treatment of pollution, and write a new chapter of ecological priority and green development, so as to ensure that the clean water of the river will last for future generations and benefit the people.

In the Yangtze River Economic Belt, the Yangtze River Delta, Danjiangkou Reservoir Area and its upper reaches, the Three Gorges Reservoir Area, Chishui River Basin, etc are important geographical locations, are highly concerned by the public. During the 13th Five-Year Plan period，the quality of water eco-environment has been significantly improved by increasing the intensity of ecological environment protection and ecological compensation. During the 14th Five-Year Plan period，we should continue to fight the battle of pollution prevention and control，deepen pollution control，emission reduction and capacity upgrading，take problems and objectives as the guidance，strengthen the coordination of water environment，water resources and water ecology，improve the ecological environment and water ecological function of the Yangtze River，enhance the quality and stability of the ecosystem，and jointly build a great protection structure for the Yangtze River.

目录

目录

目录

现状篇

长江经济带生态环境保护修复进展报告 2020

1

水生态环境状况

自习近平总书记 2016 年 1 月主持召开推动长江经济带发展座谈会以来，生态环境部认真贯彻落实习近平总书记重要讲话精神，按照习近平总书记在中央财经委员会会议上要求打好长江保护修复等七大标志性战役的重要指示精神和党中央关于打好污染防治攻坚战的决策部署，坚持以习近平生态文明思想为指导，会同相关部委编制印发《长江经济带生态环境保护规划》《长江保护修复攻坚战行动计划》等文件，扎实推进劣 V 类国控断面整治、长江入河排污口排查整治、长江自然保护区监督检查、长江"三磷"专项排查整治、打击固体废物环境违法行为、长江经济带饮用水水源地保护、长江经济带城市黑臭水体治理、长江经济带工业园区污水处理设施整治等 8 个专项行动，同时强化生态环境监管和支撑保障，积极推进长江保护修复，取得了较好的成效。

1.1 总体状况

近年来，长江经济带水环境质量总体呈现改善趋势，达到或优于 III 类断面比例逐年上升，劣 V 类断面比例逐年下降。2020 年，长江经济带

达到或优于Ⅲ类断面比例为 87.6%，较 2015 年上升 14.1 个百分点，较
2019 年上升 6.9 个百分点。劣Ⅴ类断面比例为 0.4%，较 2015 年下降了
5.9 个百分点，较 2019 年下降 1.2 个百分点（图 1-1），水质状况由 2015
年的"轻度污染"提升为 2020 年的"良好"，主要污染因子为总磷、化
学需氧量、高锰酸盐指数。其中，2020 年长江经济带达到或优于Ⅲ类断
面比例及劣Ⅴ类断面比例均达到了《长江经济带生态环境保护规划》
2020 年目标要求。

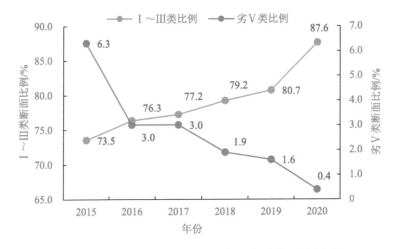

图 1-1 2015—2020 年长江经济带水质类别总体状况

2015—2020 年，长江经济带主要污染物浓度均呈下降趋势。其中，
高锰酸盐指数年平均浓度由 2015 年的 3.25 mg/L 下降到 2020 年的
2.81 mg/L，降幅为 13.5%，水质类别保持在Ⅱ类；生化需氧量年平均浓
度由 2015 年的 2.34 mg/L 下降到 2020 年的 1.51 mg/L，降幅为 35.5%，
水质类别保持在Ⅰ类；氨氮年平均浓度由 2015 年的 0.50 mg/L 下降到
2020 年的 0.19 mg/L，降幅为 62.0%，水质类别保持在Ⅱ类；化学需氧
量年平均浓度由 2015 年的 13.7 mg/L 下降到 2020 年的 11.3 mg/L，降幅

4

为 17.5%，水质类别保持在Ⅰ类；总氮年平均浓度由 2015 年的 2.12 mg/L 下降到 2020 年的 2.00 mg/L，降幅为 5.7%，水质类别为Ⅴ类；总磷年平均浓度由 2015 年的 0.132 mg/L 下降到 2020 年的 0.076 mg/L，降幅为 42.4%，水质类别由Ⅲ类提升为Ⅱ类（图 1-2）。

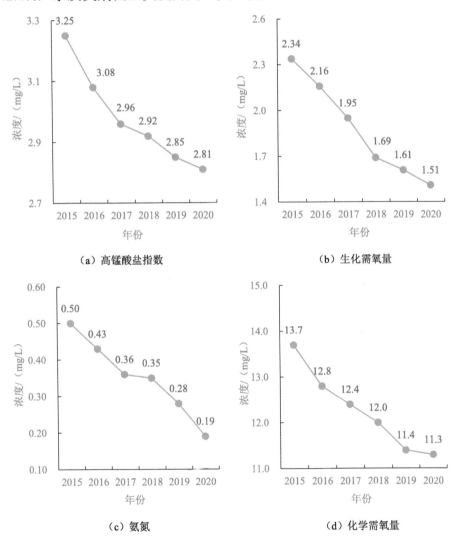

（a）高锰酸盐指数

（b）生化需氧量

（c）氨氮

（d）化学需氧量

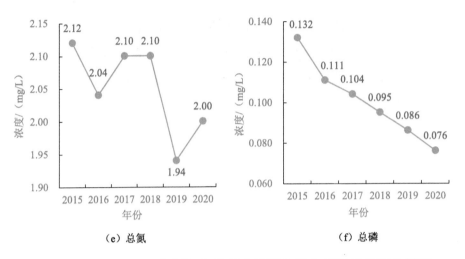

（e）总氮　　　　　　　　　　　（f）总磷

图 1-2　2015—2020 年长江经济带主要污染物年平均浓度变化情况

2020 年，长江经济带共有 35 个断面均值未达到《水污染防治目标责任书》考核要求，主要分布在湖北、江西、贵州等省（表 1-1）。其中，湖南益阳资江桃谷山断面、贵州黔东南都柳江榕江断面、湖北咸宁斧头湖断面、荆州洪湖断面、武汉梁子湖断面连续 12 个月水质未达标，主要未达标的污染因子为总磷、化学需氧量、高锰酸盐指数、溶解氧等。

表 1-1　2020 年长江经济带区域未达标断面数量

省（市）	未达标断面数量/个
湖北省	12
云南省	3
江苏省	4
安徽省	1
贵州省	4
四川省	1
浙江省	2

省（市）	未达标断面数量/个
湖南省	2
江西省	6
上海市	0
重庆市	0

1.2 重点地区水生态环境状况

（1）长江干流

长江干流水质总体良好，首要污染物总磷浓度总体呈现上游低、中游升高、下游波动的态势。2020年，长江干流断面水质均为Ⅱ类，从首要污染因子（总磷）沿程变化情况可以看出，重庆清溪场、湖北观音寺、江苏小河口上游及魏村段，浓度值出现高点，其他江段总磷浓度均低于0.085 mg/L（图1-3）。

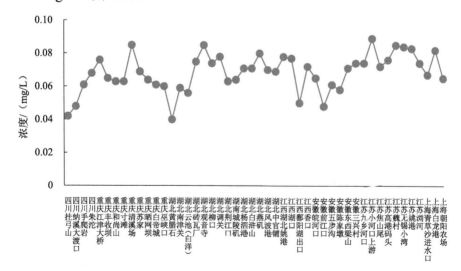

图1-3　2020年长江干流总磷浓度沿程变化情况

2015—2020 年，长江干流总磷浓度持续下降，2020 年长江干流总磷年均浓度为 0.068 mg/L，比 2015 年下降 43.4%。从长江干流总磷浓度沿程变化情况来看，2015 年长江上游总磷浓度相对较低，均可达到Ⅱ类标准，随后到湖北段有所升高，到江西段、安徽段浓度下降，到江苏段及入海口段又出现小幅升高；2020 年，浓度波动较为平稳；各省（市）河段中，江苏段总磷浓度最高，达到 0.079 6 mg/L（图 1-4）。

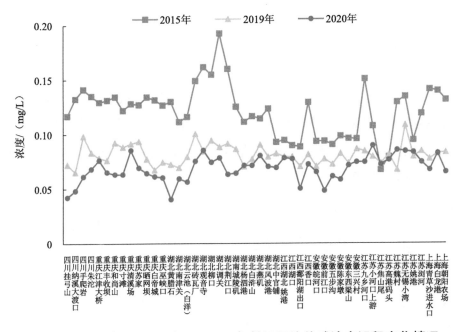

图 1-4　2015 年、2019 年及 2020 年长江干流总磷浓度沿程变化情况

（2）主要支流

2020 年，长江主要支流水质总体情况良好，水质类别均达到或优于Ⅲ类。长江 8 条主要支流的国控断面中，10.8%的断面水质达到Ⅰ类，74.7%的断面水质达到Ⅱ类，14.5%的断面水质达到Ⅲ类。沅江、赣江水

质均为Ⅱ类；汉江Ⅱ类水质断面占 91.6%，Ⅲ类水质断面占 8.4%；湘江Ⅱ类水质断面占 90.0%，Ⅲ类水质断面占 10.0%；雅砻江水质均为Ⅰ类；乌江Ⅰ类、Ⅱ类、Ⅲ类水质断面占比分别为 22.2%、66.7%、11.1%；岷沱江Ⅰ类、Ⅱ类、Ⅲ类水质断面占比分别为 14.3%、21.4%、64.3%；嘉陵江 27.3% 的断面水质为Ⅰ类，72.7% 的断面水质为Ⅱ类（图 1-5）。

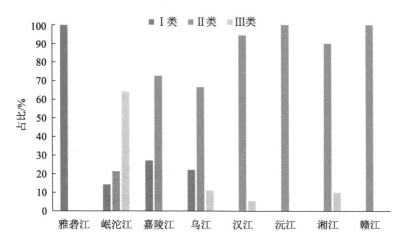

图 1-5　2020 年长江主要支流不同类别水质断面占比情况

（3）重点湖泊

2020 年，太湖、巢湖、洞庭湖、鄱阳湖 4 个重点湖泊水质以Ⅳ类为主。滇池水质较差，主要污染因子为化学需氧量和总磷，滇池水质Ⅳ类点位占比为 20.0%，Ⅴ类点位占比为 80.0%；太湖水质Ⅱ类和Ⅲ类点位占比各为 5.9%，Ⅳ类点位占比为 76.5%，Ⅴ类点位占比为 11.7%；巢湖水质均为Ⅳ类；洞庭湖水质Ⅲ类点位占比为 9.1%，Ⅳ类点位占比为 90.9%；鄱阳湖水质Ⅲ类点位占比为 41.2%，Ⅳ类点位占比为 58.8%（图 1-6）。

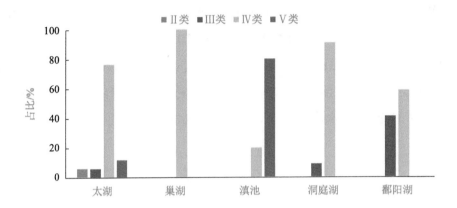

图 1-6　2020 年长江流域重点湖泊点位水质类别占比情况

"十三五"期间,除太湖总磷浓度明显升高外,其他重点湖泊总磷浓度呈不同程度下降趋势。2020 年,洞庭湖、鄱阳湖、巢湖、滇池全湖总磷平均浓度分别为 0.060 mg/L、0.058 mg/L、0.066 mg/L 和 0.067 mg/L,分别比 2015 年下降 45.9%、7.3%、34.7%和 44.5%;太湖 2020 年全湖总磷平均浓度为 0.077 mg/L,比 2015 年上升 27.9%(图 1-7)。

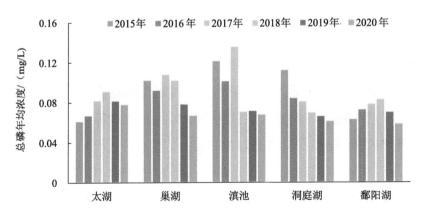

图 1-7　2015—2020 年长江流域重点湖泊总磷年均浓度变化趋势

2020 年，太湖、巢湖全湖平均为轻度富营养状态，滇池全湖平均为中度富营养状态，洞庭湖和鄱阳湖全湖平均为中营养状态（图 1-8）。

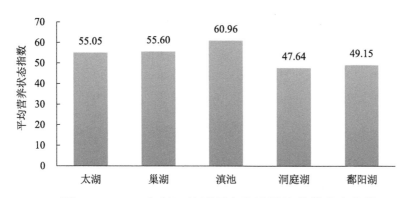

图 1-8　2020 年长江流域重点湖泊平均营养状态指数

从 5 个重点湖泊的国控断面的营养状态分布比例来看，38.1%为中营养断面，49.2%为轻度富营养断面，12.7%为中度富营养断面（图 1-9）。其中，洞庭湖中营养断面占比为 90.9%，轻度富营养断面占比为 9.1%；鄱阳湖中营养断面占比为 76.5%，轻度富营养断面占比 23.5%；太湖中营养断面占比为 5.9%，轻度富营养断面占比为 94.1%；巢湖国控断面均为轻度富营养状态；滇池轻度富营养断面占比为 20.0%，中度富营养断面占比为 80.0%（表 1-2）。

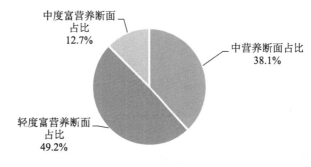

图 1-9　长江流域重点湖泊不同营养状态断面占比分布

表1-2 2020年重点湖泊营养状态

湖泊	国控断面数量/个	中营养断面数量/个	轻度富营养断面数量/个	中度富营养断面数量/个	重度富营养断面数量/个	全湖平均营养状态
洞庭湖	11	10	1	0	0	中营养
鄱阳湖	17	13	4	0	0	中营养
太湖	17	1	16	0	0	轻度富营养
巢湖	8	0	8	0	0	轻度富营养
滇池	10	0	2	8	0	中度富营养
合计	63	24	31	8	0	—

（4）长三角地区

长三角地区水质总体良好，"十三五"期间水质总体呈逐年提升的趋势，已消除劣Ⅴ类断面。2020年，长三角地区（上海市、江苏省、浙江省、安徽省）Ⅰ～Ⅲ类断面312个，占85.0%，同比增加0.9个百分点；无劣Ⅴ类断面，同比减少0.3个百分点（图1-10）。

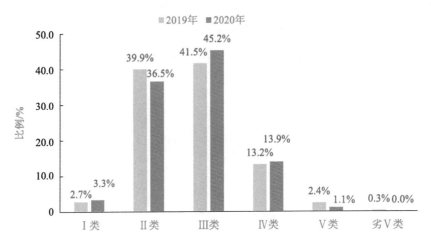

图1-10 2019年、2020年长三角地区水质类别占比同比变化情况

　　2015—2020 年，长三角地区Ⅰ～Ⅲ类水质断面占比总体呈现上升趋势，由 2015 年的 65.1%上升到 2020 年的 85.0%，劣Ⅴ类水质断面占比下降明显，由 2015 年的 6.6%到 2020 年消除劣Ⅴ类断面（图 1-11）。

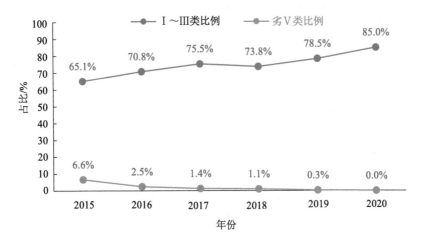

图 1-11　2015—2020 年长三角地区年际水质类别占比变化趋势

13

2

大气环境状况

长江经济带中的长三角地区被列为《打赢蓝天保卫战三年行动计划》（国发〔2018〕22 号）三大重点区域之一。长三角地区秋冬季大气环境形势依然严峻，$PM_{2.5}$ 平均浓度比其他季节高 50%～70%，重污染天气占全年 95% 以上，苏北、皖北主要城市 $PM_{2.5}$ 浓度仍处于高位。2020 年是《打赢蓝天保卫战三年行动计划》的目标年、关键年，2020—2021 年秋冬季攻坚成效直接影响 2020 年目标的实现。为狠抓秋冬季污染治理，生态环境部等十大部门以及沪苏浙皖四省（市）人民政府于 2020 年 10 月 30 日联合发布《长三角地区 2020—2021 年秋冬季大气污染综合治理攻坚行动方案》（环大气〔2020〕62 号）。

方案明确要求，以习近平新时代中国特色社会主义思想为指导，深入贯彻中共十九大和十九届二中、三中、四中、五中全会精神，在继承过去行之有效的工作基础上，继续保持方向不变、力度不减，突出精准治污、科学治污、依法治污，统筹推进秋冬季大气污染综合治理各项工作，服务"六稳""六保"大局。采取积极稳妥措施，进一步巩固和提升过去秋冬季攻坚行动取得的成果，做到时间、区域、对象、问题、措施5个精准，立足于已出台政策措施的落实，防止层层加码。围绕持续推进环境空气质量改善、有效应对重污染天气，实施企业绩效分级分类管控，深入推进一体化协作机制，强化区域联防联控。持续推进钢铁行业超低排放改造、大宗货物运输"公转铁""公转水"、柴油货车和船舶污染治理、挥发性有机物攻坚治理、工业炉窑和燃煤锅炉治理等。坚持问题导向，压实部门和地方责任，加大帮扶力度，严防重污染天气反弹，实现打赢蓝天保卫战圆满收官。

2.1 总体状况

自《大气污染防治行动计划》（国发〔2013〕37号）、《打赢蓝天保卫战三年行动计划》相继实施以来，长江经济带环境空气质量总体得到明显改善，但大气复合污染形势依然严峻，$PM_{2.5}$污染问题尚未根本解决，O_3污染逐渐凸显，长三角地区、湘鄂地区、成渝地区空气质量超标城市依然较多。

（1）"十三五"期间，长江经济带空气质量改善显著

6项大气常规污染物中，除O_3日最大8小时滑动平均值第90百分位数浓度（以下简称O_3浓度）上升外，其他5项污染物年平均浓度均呈下降趋势。按2020年较2015年的污染物年平均浓度下降幅度排序，SO_2年平均浓度下降57.9%，$PM_{2.5}$年平均浓度下降29.5%，PM_{10}年平均浓度下降29.0%，CO日平均第95百分位数浓度（以下简称CO浓度）下降26.7%，NO_2年平均浓度下降7.7%，O_3年平均浓度上升13.2%[①]。优良

---

① 数据说明：本报告中的空气质量数据均为实况数据。其中，2015—2018年空气质量数据依据《〈环境空气质量标准〉（GB 3095—2012）修改单》的相关规定，将标况数据换算为实况数据。

天数比例上升6.0个百分点,重污染天数比例下降1.2个百分点(图2-1)。

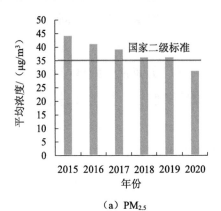

（a）PM_{2.5}

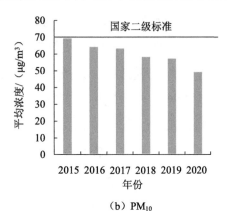

（b）PM₁₀

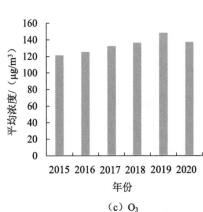

（c）O₃

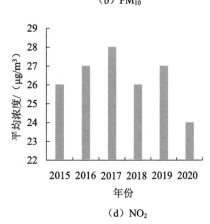

（d）NO₂

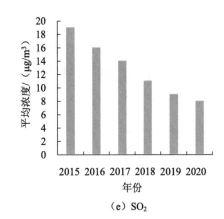

（e）SO₂

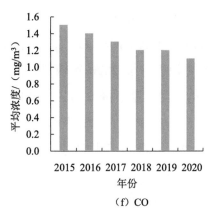

（f）CO

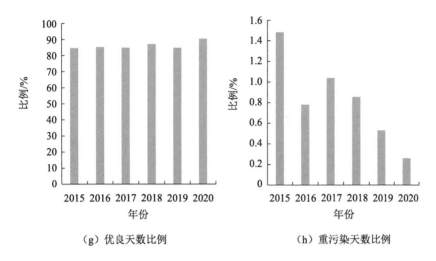

（g）优良天数比例　　　　　　　（h）重污染天数比例

图 2-1　2015－2020 年长江经济带环境空气质量年际比较

（2）2020 年长江经济带环境空气质量好于全国平均水平

2020 年，长江经济带 6 项大气常规污染物平均浓度首次全部达到国家二级标准。$PM_{2.5}$ 年均浓度为 9～52 $\mu g/m^3$，平均为 31 $\mu g/m^3$，比全国平均水平低 6.1%；PM_{10} 年均浓度为 15～82 $\mu g/m^3$，平均为 49 $\mu g/m^3$，比全国平均水平低 12.5%；O_3 年均浓度为 90～176 $\mu g/m^3$，平均为 137 $\mu g/m^3$，比全国平均水平低 0.7%；SO_2 年均浓度为 3～25 $\mu g/m^3$，平均为 8 $\mu g/m^3$，比全国平均水平低 20.0%；NO_2 年均浓度为 7～39 $\mu g/m^3$，平均为 24 $\mu g/m^3$，与全国平均水平持平；CO 年均浓度为 0.6～2.5 mg/m^3，平均为 1.1 mg/m^3，比全国平均水平低 15.4%。平均优良天数比例达到 90.7%，比全国平均水平的 87.0% 高 3.7 个百分点。平均重污染天数比例为 0.3%，比全国平均水平的 1.2% 低 0.9 个百分点。

2.2　重点地区大气环境状况

2020 年，长江经济带 126 个城市中，45 个城市环境空气质量未达标，占比为 35.7%。超标城市主要集中在长三角地区、湘鄂地区和成渝地区（表 2-1）。PM$_{2.5}$、O$_3$、PM$_{10}$ 年均浓度超标城市占比分别为 33.3%、11.1%、5.6%（图 2-2）。

表 2-1　2020 年重点地区 6 项空气污染物超标城市数量　　单位：个

区域	省（市）	地级及以上城市数量	污染物超标城市数量					
			PM$_{2.5}$	PM$_{10}$	O$_3$	SO$_2$	NO$_2$	CO
长江经济带	上海、江苏、浙江、安徽、江西、湖北、湖南、重庆、四川、贵州、云南	126	42	7	14	0	0	0
长三角地区	上海、江苏、浙江、安徽	41	19	7	13	0	0	0
江西	江西	11	1	0	0	0	0	0
湘鄂地区	湖北、湖南	27	15	0	0	0	0	0
成渝地区	重庆、四川	22	7	0	1	0	0	0

2020 年，长三角地区 41 个城市 PM$_{2.5}$ 年均浓度为 17～50 μg/m^3，区域平均浓度为 35 μg/m^3，达到国家二级标准限值，比长江经济带平均水平和全国平均水平分别高出 12.9%和 6.1%；区域内 19 个城市超标，超标城市占比为 46.3%。2020 年，区域平均浓度较 2019 年下降 14.6%，超标城市较 2019 年减少 11 个。

2020 年，湘鄂地区 27 个城市 PM$_{2.5}$ 年均浓度为 25～52 μg/m^3，区域平均浓度为 36 μg/m^3，比长江经济带平均水平和全国平均水平高出 16.1%和 9.1%；区域内 15 个城市超标，超标城市占比为 55.6%。2020 年，区域平均浓度较 2019 年下降 16.3%，超标城市较 2019 年减少 8 个。

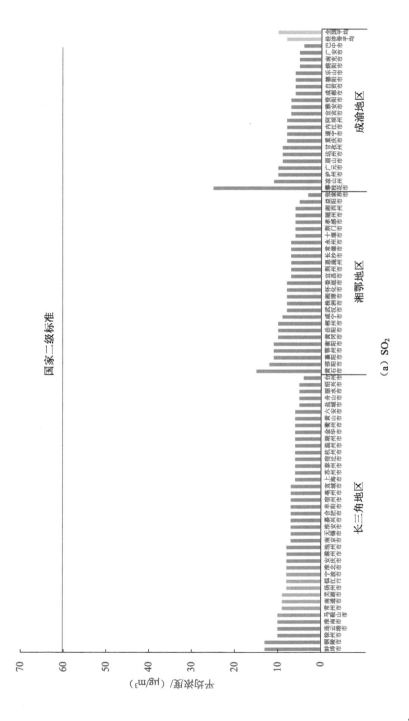

（a）SO₂

(b) NO₂

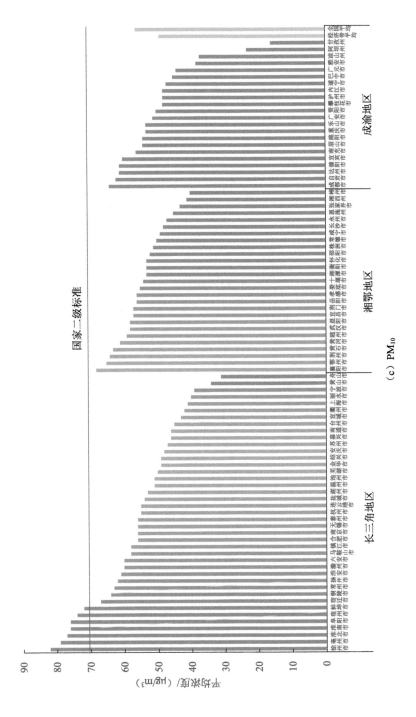

(c) PM_{10}

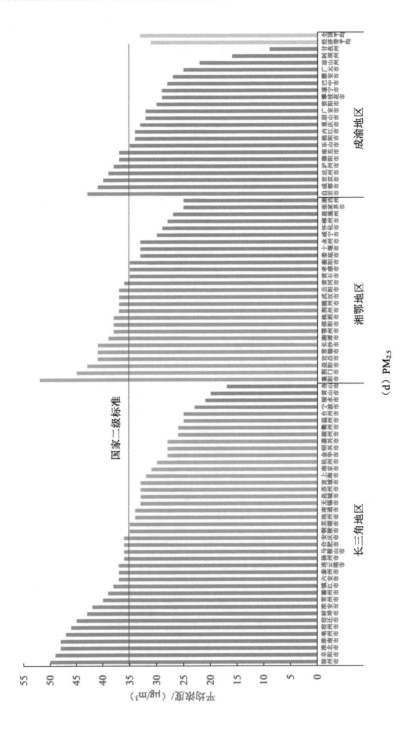

（d）PM₂.₅

（e）CO

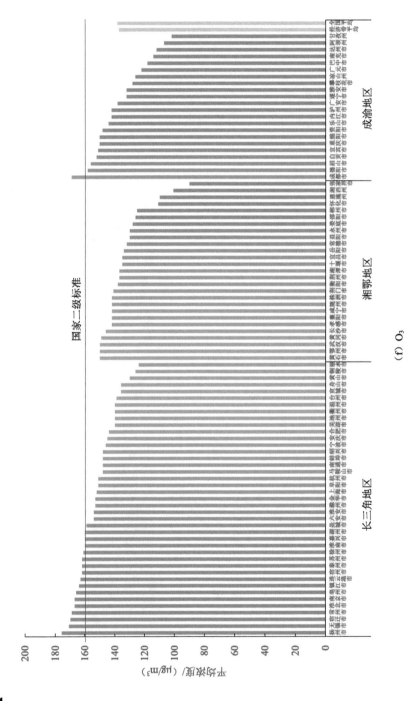

（f）O₃

图2-2　2020年长三角地区、湘鄂地区、成渝地区6项污染物平均浓度

2020 年，成渝地区 22 个城市 $PM_{2.5}$ 年均浓度为 9～43 μg/m³，区域平均浓度为 31 μg/m³，达到国家二级标准限值，与长江经济带平均水平持平，比全国平均水平低 6.1%；区域内 7 个城市超标，超标城市占比为 31.8%。2020 年，区域平均浓度较 2019 年下降 11.4%，超标城市较 2019 年减少 4 个。

2020 年，长三角地区 41 个城市 O_3 年均浓度为 124～176 μg/m³，区域平均浓度为 152 μg/m³，达到国家二级标准限值，比长江经济带平均水平和全国平均水平分别高出 10.9% 和 10.1%；区域内共 13 个城市超标，超标城市占比为 31.7%。2020 年，区域平均浓度较 2019 年下降 7.3%，超标城市较 2019 年减少 12 个。

2020 年，湘鄂地区 27 个城市 O_3 年均浓度为 90～150 μg/m³，区域平均浓度为 133 μg/m³，比长江经济带平均水平和全国平均水平分别低 2.9% 和 3.6%。区域内无城市超标。2020 年，区域平均浓度较 2019 年下降 13.6%，超标城市较 2019 年减少 13 个。

2020 年，成渝地区 22 个城市 O_3 年均浓度为 102～169 μg/m³，区域平均浓度为 136 μg/m³，比长江经济带平均水平和全国平均水平分别低 0.7% 和 1.4%。区域内仅成都 1 个城市超标。2020 年，区域平均浓度较 2019 年上升 0.7%，超标城市较 2019 年增加 1 个。

3

土壤环境状况

自 2016 年 5 月国务院发布《土壤污染防治行动计划》(国发〔2016〕31 号)以来,各地区各部门认真贯彻党中央、国务院决策部署。2018 年,农业农村部组织长江经济带江苏、湖南两省部分区县开展耕地土壤环境质量类别划分试点工作,为全国耕地土壤环境质量类别划分提供先行示范样板。农业农村部出台《轻中度污染耕地安全利用与治理修复推荐技术名录(2019 版)》(农办科〔2019〕14 号),指导地方因地制宜选用治理修复措施,推进受污染耕地安全利用。生态环境部会同农业农村部,根据农用地土壤污染状况详查成果,核定长江经济带 11 省(市)下一阶段受污染耕地治理任务。

2020 年,根据各地完成情况,生态环境部会同农业农村部向农用地安全利用进展滞后的省份发预警函,督促重点省份加快推进农用地安全利用任务;指导浙江台州、湖南常德、湖北黄石、贵州铜仁等市开展土壤污染综合防治先行区建设;组织在韶关召开现场会、培训会,交流和推广先行区建设成效和经验;会同相关部门指导地方实施土壤污染治理与修复技术应用试点项目。

26

3.1 总体状况

2020 年，长江经济带土壤环境风险管控进一步强化。根据农用地土壤污染状况详查结果，长江经济带土壤环境状况总体稳定，但是部分地区耕地重金属污染风险较高，特别是有色重金属矿区周边耕地，由于受到矿区地表径流的影响，土壤中重金属含量超过农用地土壤风险管控标准，污染耕地安全利用和严格管控的任务依然较重。随着长江经济带危险化学品生产企业搬迁改造、落后产能淘汰等工作的推进，遗留大量高风险行业企业地块，建设用地地块再开发利用的环境风险依然较高。

持续推动土壤污染风险管控工作，加强地方标准规范体系建设。经江西省第十三届人民代表大会常务委员会第二十五次会议审议通过的《江西省土壤污染防治条例》于 2020 年 11 月 25 日发布；湖北、湖南土壤污染防治条例或办法已印发实施；江苏、四川、云南土壤污染防治条例正在起草过程中。上海、江苏、浙江、江西、重庆等地均开展了土壤污染调查、风险评估、风险管控和修复等技术规范和相关政策研究制定工作，夯实了土壤环境管理基础。

3.2 不同类型用地土壤环境状况

3.2.1 农用地土壤环境状况

长江经济带 11 省（市）积极推动农用地分类管理。按照《农用地土壤环境风险评价技术规定（试行）》（环办土壤函〔2018〕1479 号）等相关技术规范，将耕地划分为优先保护、安全利用和严格管控 3 个类别。江苏、湖南在部分区县开展耕地土壤环境质量类别划分试点的基础上，整县推进农用地类别划分。截至 2020 年 12 月底，11 省（市）1 047 个

涉农县级单位已全部完成耕地土壤环境质量类别划分工作。

推动受污染耕地安全利用与严格管控。根据农用地土壤污染状况详查结果，全面落实受污染耕地安全利用和严格管控措施。在安全利用类耕地，采取品种替代、水肥调控、土壤调理等技术，确保生产出的农产品符合国家标准；在严格管控类耕地，推行种植结构调整或退耕还林还草、划定农产品严格管控区等措施。截至 2020 年 12 月底，长江经济带 11 省（市）均完成国家下达的受污染耕地安全利用与严格管控任务，有效保障了农产品质量安全。

3.2.2 建设用地土壤环境状况

（1）建立完善建设用地管理名录

根据全国污染地块土壤环境管理信息系统，长江经济带 11 省（市）纳入调查名录地块共 9 000 余块，占全国总数的 37.6%。其中，52.6%的地块经调查未超标，已移出调查名录。从不同区域看，上游、中游、下游省（市）调查地块数目分别占长江经济带调查地块总数的 33.1%、18.0%、48.9%（图 3-1）。其中，江苏调查地块数目最多，达到 2 000 余块，占长江经济带调查地块总数的 24.5%。

长江经济带 11 省（市）纳入风险评估名录地块共 1 400 余块，占全国总数的 68.5%。其中，3.6%的地块经风险评估不需采取管控措施。从不同区域看，上游、中游、下游省（市）风险评估地块数目分别占长江经济带风险评估地块总数的 35.9%、17.1%、47.0%。其中，重庆风险评估地块数目最多，达到 300 余块，占长江经济带风险评估地块总数的 22.0%。

长江经济带 11 省（市）纳入风险管控和修复名录地块将近 800 块，占全国总数的 64.1%。其中，30.9%的地块经风险管控和修复后移出名录。从不同区域看，上游、中游、下游省（市）风险管控和修复地块数目分别占长江经济带风险管控和修复地块总数的 **29.9%**、**16.4%**、**53.8%**。其中，江苏、重庆、浙江、上海风险管控和修复地块数目较多，占长江经济带风险管控和修复地块总数的 **67.5%**。从行业类型看，以金属制品业、化学原料和化学制品制造业为主。

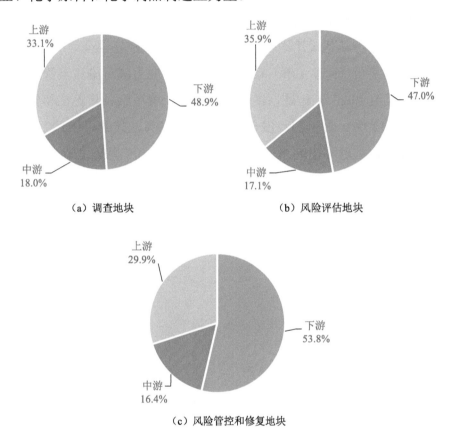

（a）调查地块　　　　　　　　（b）风险评估地块

（c）风险管控和修复地块

图 3-1　长江经济带上游、中游、下游省（市）建设用地地块分布

（2）完成重点行业企业用地土壤污染状况调查

按照全国土壤污染状况详查工作统一部署，长江经济带各省（市）保质保量完成重点行业企业用地土壤采样检测、成果集成等工作，11 省

（市）共纳入调查地块 5 万余块，其中采样调查地块 6 000 余块，占全国 1/2 左右。基本掌握了重点行业企业用地中的污染地块分布及其环境风险情况。截至 2020 年年底，11 省（市）均按时向生态环境部报送了重点行业企业用地土壤污染状况"一报告一套表一套图"成果，高质量完成了企业用地调查工作任务。

（3）动态更新建设用地土壤污染风险管控和修复名录

长江经济带 11 省（市）动态更新建设用地土壤污染风险管控和修复名录。截至 2020 年年底，纳入建设用地土壤污染风险管控和修复名录地块共 514 块（图 3-2），占全国总数的 61.9%。其中，105 块经风险管控和修复合格后移出名录。名录内仍有地块 409 块，占全国总数的 62.2%。

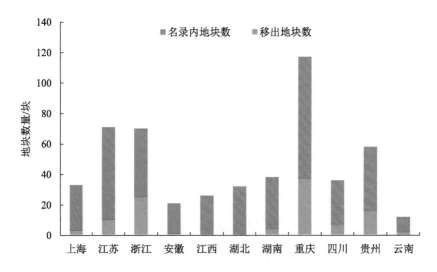

图 3-2 长江经济带 11 省（市）建设用地风险管控和修复名录地块数目

从不同区域看，长江经济带上游、中游、下游省（市）纳入建设用地土壤污染风险管控和修复名录地块总数分别为 223 块、96 块、195 块，分别占长江经济带建设用地土壤污染风险管控和修复名录地块总数的43.4%、18.7%、37.9%（图3-3）。从城市分布看，重庆市纳入建设用地土壤污染风险管控和修复名录地块最多，达117块，其中37块已完成修复，80块正在实施管控。其次为江苏、浙江，纳入名录地块分别为71块、70块。3个省（市）地块数目合计占长江经济带建设用地土壤污染风险管控和修复名录地块总数的50%以上。

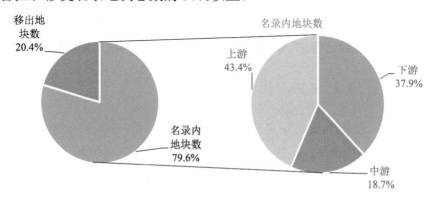

图3-3 长江经济带上游、中游、下游建设用地土壤污染风险管控和修复名录地块分布

（4）加强暂不开发利用污染地块风险管控

2020年，长江经济带11省（市）暂不开发利用污染地块中，共有467块被纳入年度风险管控计划，占全国暂不开发利用污染地块风险管控总数的75.4%，并均按照要求落实风险管控。其中，湖南省暂不开发利用污染地块风险管控数量最多，达到171块，占长江经济带暂不开发利用污染地块风险管控总数的36.6%。其次为重庆、浙江、江苏，分别为86块、65块、51块（图3-4）。从不同区域看，长三角地区纳入2020年管控计划的暂不开发利用污染地块共117块，占长江经济带暂不开发利用污染地块风险管控总数的25.1%。

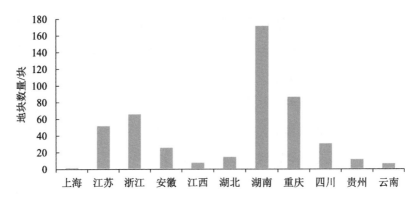

图 3-4　长江经济带 11 省（市）2020 年暂不开发利用污染地块风险管控数目

3.3　重点地区风险防控状况

（1）强化土壤污染重点监管单位管理

截至 2020 年，长江经济带 11 省（市）均动态更新了土壤污染重点监管单位名录，共涉及企业 6 508 家，约占全国土壤污染重点监管单位名录内企业总数的 1/2。其中，江苏土壤污染重点监管单位名录内企业最多，达到 2 249 家，占长江经济带土壤污染重点监管单位名录内企业总数的 34.6%。其次为浙江，涉及企业 1 664 家，占长江经济带土壤污染重点监管单位名录内企业总数的 25.6%。两省合计占比超过 60%（图 3-5）。

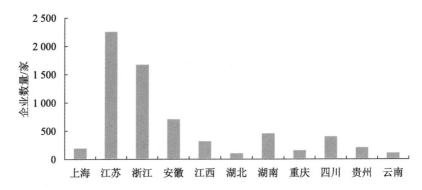

图 3-5　长江经济带 11 省（市）土壤污染重点监管单位名录内企业数量

从不同区域看，长江经济带上游、中游、下游省（市）土壤污染重点监管单位名录内企业总数分别为 849 家、856 家、4 803 家，分别占长江经济带土壤污染重点监管单位名录内企业总数的 13.0%、13.2%、73.8%（图 3-6）。

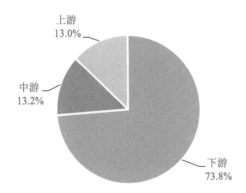

图 3-6 长江经济带上游、中游、下游省（市）土壤污染重点监管单位名录内企业数目占比

（2）加强涉重金属行业污染防控

长江经济带 11 省（市）严格落实重金属总量替代，建立全口径涉重金属企业清单，开展涉重金属"散、乱、污"企业整治。2020 年，各省市均未发生涉重金属污染事件。推动重点行业的重点重金属减排，通过提标改造等措施防控新增污染。加强涉镉等重金属重点行业企业整治，防控周边耕地土壤环境风险。强化矿产资源开发区土壤污染防治监管，涉及 8 个省份的 87 个县（市、区）执行重点污染物特别排放限值。

（3）持续推动土壤污染综合防治先行区建设

浙江台州、湖北黄石、湖南常德、贵州铜仁 4 个国家级土壤污染综合防治先行区积极开展先行先试，优先开展重点监管单位土壤污染隐患排查、污染地块再开发利用检查、污染地块安全利用核算等工作。加大总结宣传力度，及时出经验、出模式。台州市扎实推进土壤污染防治地方立法，在全国出台首个土壤环境违法行为举报奖励办法；黄石市创新土壤污染防治资金投入机制，引导民间资本参与修复治理，如由劲牌公司出资 20 亿元，对金湖地区受重金属污染的石头嘴矿区废弃地、尾矿库等实施生态修复工程；常德市持续实施石门雄黄矿砷污染治理等一批土壤污染风险管控和治理修复重点项目；铜仁市完成碧江区司前大坝汞污染土壤（中、低污染水平）治理修复示范工程项目和万山区敖寨河、下溪河流域汞污染土壤（中、高污染水平）示范项目。

4

生态环境状况

2020 年，长江经济带整体生态环境状况良好，生态环境状况指数（EI）整体以"优""良"为主，其中四川省、浙江省和重庆市全域生态环境状况均达到"良"以上。长江经济带在全国生物多样性保护中占有重要地位，区域珍稀濒危植物 60 科 109 属 154 种，占全国珍稀濒危植物种类的 39.7%；受国家重点保护的植物有 126 种，其中 I 级 31 种、II 级 95 种。长江经济带中，珍稀濒危动物较多，有大熊猫、金丝猴、长臂猿等。截至 2020 年年底，长江经济带自然保护区数量合计 1 098 处，约占区域总面积的 8.8%。已建立国家公园试点 6 处，为普达措国家公园试点、大熊猫国家公园试点、神农架国家公园试点、南山国家公园试点、武夷山国家公园试点和钱江源国家公园试点。

4.1 生物多样性保护状况

全面禁止滥食野生动物。第十三届全国人大常委会第十六次会议于 2020 年 2 月 24 日通过《关于全面禁止非法野生动物交易、革除滥食野生动物陋习、切实保障人民群众生命健康安全的决定》，各地区、各部门全力组织力量，坚决推进各项规定的贯彻实施，妥善处置在养禁食野生动物，推动落实对养殖户的补偿兑现，分类指导、帮扶养殖户转产转型。截至 2020 年 12 月，长江经济带区域在养禁食野生动物得以处置，完成对养殖户的补偿任务，工作总体平稳有序。革除滥食野生动物陋习工作初见成效，文明健康的生活方式逐步养成，拒食野味、爱护生灵、树立生态文明新风尚正在成为全社会共识。

野生动物保护取得积极进展。开展春季候鸟等野生动物保护专项执法行动，联合开展打击野生动物违规交易专项执法行动和打击整治破坏野生动物资源行动，继续实施严格禁止商业性进口象牙及其制品措施。调整国家重点保护野生动物名录，新增 517 种（类）野生动物，保护力度明显加大。强化重点物种抢救性保护，调升穿山甲为国家一级保护野生动物。持续开展极度濒危野生动物和极小种群野生植物抢救性保护，建立"穿山甲保护研究中心"。

大熊猫人工繁育取得新进展。截至 2020 年，全年繁育成活大熊猫幼仔 44 只，大熊猫圈养总数达到 633 只。9 只人工繁育大熊猫放归自然并成功融入野生种群，圈养大熊猫放归自然栖息地生存和区域濒危小种群复壮取得突破。野外引种产下 7 只带有野生大熊猫基因的幼仔，圈养大熊猫遗传种群结构更加优化。

率先实现长江重点流域禁捕。我国近年来相继颁布实施《重点流域水生生物多样性保护方案》（环生态〔2018〕3 号）、《关于加强长江水生生物保护工作的意见》（国办发〔2018〕95 号）、《长江流域重点水域禁捕和建立补偿制度实施方案》（农长渔发〔2019〕1 号）、《关于切实做好长江流域禁捕有关工作的通知》（国办发明电〔2020〕21 号）等文件。截至 2020 年年底，出台了《安徽省人民政府办公厅关于加强长江（安徽）水生生物保护工作的实施意见》《江西省人民政府办公厅关于加强全省水生生物保护工作的实施意见》和《上海市长江退捕与禁捕工作方案》等地方性相关政策，长江重点流域禁捕在政策制定和实施方面实现了上下联动。长江干流和重要支流除水生生物自然保护区和水产种质资源保护区以外的天然水域，最迟自 2021 年 1 月 1 日 0 时起实行暂定为期 10 年的常年禁捕。其间，禁止天然渔业资源的生产性捕捞。

渔船渔民退捕基本完成。经过逐船逐户建档立卡，沿江 11 省（市）共核定退捕渔船 11.1 万艘、渔民 23.1 万人。其中重点河湖和 332 个水生生物保护区重点水域，共有建档立卡渔船 8.4 万艘、渔民 18 万人，已全部提前退捕上岸；各省（市）自主确定的其他水域，共有建档立卡渔船 2.7 万艘、渔民 5.1 万人，已提前完成 2020 年退捕任务。剩余的 1 599 艘、3 072 人将按计划于 2021 年年底前完成退捕。

渔民安置保障稳步推进。截至 2020 年 12 月，中央财政计划安排的 92 亿元补助资金全部拨付到位，各地落实资金 114.6 亿元。通过发展产业、务工就业、扶持创业和公益岗位安置等措施，各地累计落实社会保障 21.8 万人，帮助 16.5 万人实现转产就业。其中，重点水域落实社会保障 17.2 万人，占应纳入社保人数的 99.9%；落实转产就业 12.9 万人，占需转产就业人数的 99.1%。

打击非法捕捞形成震慑。农业农村部会同公安部、国家市场监督管理总局和交通运输部等相关部门开展专项整治行动，加强日常执法监管，清理涉渔"三无"船舶，破获一批违法案件，通报一批典型案例，形成持续严惩高压态势。2020 年 6 月底以来，沿江执法机构累计查处非法捕捞案件 7 160 起，清理取缔"三无"船舶 3.2 万艘，查获涉案人员 7 999人，有力遏制了非法捕捞多发态势，图 4-1 为长江经济带开展专用生产设备评估和渔船网具收缴现场图片。

图 4-1 长江经济带开展专用生产设备评估和渔船网具收缴

图片来源：农业农村部，http://www.cjyzbgs.moa.gov.cn/gzdt/202005/t20200515_6344199.htm。

4.2 自然保护地建设状况

党中央高度重视自然保护地工作。2020 年 3 月 31 日，习近平总书记考察杭州西溪国家湿地公园生态保护等情况。将自然保护地建设作为国家重大工程。2020 年 4 月，中央全面深化改革委员会第十三次会议审议通过了《全国重要生态系统保护和修复重大工程总体规划（2021—2035 年）》。6 月，由国家发展改革委和自然资源部正式印发。总体规划设立了 9 项重大工程，"自然保护地建设及野生动植物保护重大工程"位列第 8，是唯一覆盖全国重要生态系统保护和修复的重大工程。

　　多地出台自然保护地体系建设实施意见。2020 年，江苏、浙江、安徽、江西、湖南、重庆、四川和云南 8 个长江经济带省（市）先后出台自然保护地体系建设实施意见（方案）。在自然保护地管理机构职级设置、环境综合执法体系赋权与建设等重点领域取得了实质性进展，发挥了引领和示范作用。

　　自然保护地整合优化和执法工作有序推进。完成自然保护地整合优化省级预案编制，建立了部门和专家联合审查机制；推进地质公园、海洋公园、世界自然遗产相关办法的修订工作，完成 13 项自然保护地标准立项；命名 1 个国家地质公园，湖南湘西成功申报世界地质公园；持续推进安徽扬子鳄自然保护区问题整改及后续评估、调整等工作；联合开展"绿盾 2020""碧海 2020"、长江非法码头整治、长江非法捕捞整治等专项行动，有力打击了破坏自然保护地行为。

　　长江经济带首批设立 7 个草原自然公园。2020 年，我国首批设立 39 个国家草原自然公园。其中，长江经济带区域设立了湖南南滩国家草原自然公园、四川藏坝国家草原自然公园和云南香柏场国家草原自然公园等 7 个（表 4-1）。通过开展草原自然公园建设试点，加强草原保护修复，促进草原科学利用，对进一步筑牢我国生态安全屏障、完善以国家公园为主体的自然保护地体系、践行"绿水青山就是金山银山"理念，具有重要意义。

表 4-1　长江经济带国家草原自然公园建设试点名单

序号	名称	位置
1	湖南南滩国家草原自然公园	湖南省张家界市桑植县
2	湖南燕子山国家草原自然公园	湖南省永州市江永县
3	四川格木国家草原自然公园	四川省甘孜藏族自治州巴塘县
4	四川藏坝国家草原自然公园	四川省甘孜藏族自治州理塘县

中国环境规划政策绿皮书

长江经济带生态环境保护修复进展报告2020

序号	名称	位置
5	四川瓦切国家草原自然公园	四川省阿坝藏族羌族自治州红原县
6	云南香柏场国家草原自然公园	云南省保山市隆阳区
7	云南凤龙山国家草原自然公园	云南省昆明市寻甸县

政策篇

长江经济带生态环境保护修复进展报告 2020

5

长江保护修复攻坚战

5.1 国家相关部委印发文件

5.1.1 国家发展和改革委员会

2020 年 4 月，国家发展改革委牵头，联合印发《关于完善长江经济带污水处理收费机制有关政策的指导意见》（发改价格〔2020〕561 号）。

意见指出，健全污水处理费调整机制。根据成本监审调查情况，按照补偿污水处理和运行成本的原则，在综合考虑地方财力、社会承受能力基础上，合理制定污水处理费标准，并完善污水处理费标准动态调整机制。长江经济带各城市（含县级市）应尽快将污水处理费标准调整至补偿成本的水平，有困难的城市要制定分步调整方案。到 2025 年年底，各地（含县城及建制镇）均应调整至补偿成本的水平。

意见明确，加大污水处理费征收力度。长江经济带 11 省（市）所有城市、县城、建制镇均应具备污水处理能力，并按规定开征污水处理费。已建成污水处理设施、未开征污水处理费的县城和建制镇，原则上应于 2020 年年底前开征。

意见强调，妥善处理污水处理收费标准调整与保障经济困难家庭基本生活的关系。各地可根据当地情况，采取对困难家庭不提高或少提高收费标准的办法，或者在提高收费标准时，通过相关救助和保障机制，确保困难群众基本生活不受影响。

2021 年 4 月，国家发展改革委修订印发了《重大区域发展战略建设（长江经济带绿色发展方向）中央预算内投资专项管理办法》（发改基础规〔2021〕505 号），包括 6 个部分，共 25 条，对长江经济带绿色发展专项的支持范围、补助标准、资金申请、资金下达及调整、监管措施做了规范。

办法明确，专项支持范围覆盖上海、江苏、浙江、安徽、江西、湖北、湖南、重庆、四川、贵州、云南 11 省（市），对确需支持其他地区的专门做出规定。所支持的建设内容包括生态环境突出问题整改项目，长江生态环境污染治理"4+1"工程项目，湿地保护和修复项目，协同推进生态优先绿色发展工程以及落实党中央、国务院决策部署的其他重大工程和重大项目等 5 类项目。

办法要求，各地发展改革部门应根据本专项中央预算内投资支持范围，依托全国投资项目在线审批监管平台（国家重大建设项目库），做好项目日常储备工作，编制三年滚动投资计划。申请中央预算内投资的项目应符合专项规定的资金支持方向和申请程序，纳入重大建设项目库和三年滚动投资计划，并通过投资项目在线审批监管平台完成审批、核准、备案。

5.1.2 生态环境部

2018 年 12 月，生态环境部联合国家发展改革委印发了《长江保护修复攻坚战行动计划》（环水体〔2018〕181号）。行动计划强调，以改善长江生态环境质量为核心，坚持污染防治和生态保护"两手发力"，推进水污染治理、水生态修复、水资源保护"三水共治"，突出工业、农业、生活、航运污染"四源齐控"，深化和谐长江、健康长江、清洁长江、安全长江、优美长江"五江共建"。

行动计划提出强化生态环境空间管控、综合整治排污口、加强工业污染治理、持续改善农村人居环境、补齐环境基础设施短板、加强航运污染防治、优化水资源配置、强化生态系统管护等8项主要攻坚任务；明确加强党的领导、完善政策法规、健全投资与补偿机制、强化科技支撑、严格生态环境监督执法、促进公众参与等6项保障措施。

行动计划是在新形势下推动长江经济带高质量发展的一项重要举措，进一步明确了近期需要着力解决的突出生态环境问题，如提出在长江干流、主要支流及重点湖库周边一定范围内划定生态缓冲带，加强入河排污口监管，清理整治"散、乱、污"涉水企业和非法码头，打击固体废物环境违法行为和非法采砂行为，推进船舶标准化改造和港口码头基础设施建设，全面提升乡镇和农村饮用水水源保护和监管水平，实现长江流域重点水域常年禁捕等。

2021年2月，为进一步巩固长江经济带尾矿库污染治理成效，全面提升长江经济带尾矿库污染治理能力，生态环境部办公厅印发《加强长江经济带尾矿库污染防治实施方案》（环办固体〔2021〕4号）。

方案明确要求全面开展长江经济带尾矿库污染治理情况"回头看"，深入排查治理尾矿库环境污染问题；到2023年年底，补齐长江经济带尾矿库环境治理设施建设短板，尾矿库突出环境污染得到有效治理；到2025年年底，建立健全尾矿库污染防治长效机制，有效管控尾矿库污染物排放，为长江经济带生态环境质量明显改善提供有力支撑。

方案针对不同治理阶段的尾矿库，分别提出了相应处置举措。其中，对已完成污染治理的尾矿库，全面开展污染防治成效复核，核查污染防治方案是否找准污染问题、污染防治措施是否落实到位、污染问题是否有效解决。对已编制污染防治方案、正在治理的尾矿库，结合污染问题排查对污染防治方案进行查漏补缺，实现应治尽治。对尚未完成污染防治方案编制的尾矿库，加快推进方案编制及污染治理。对不需编制污染防治方案的尾矿库，进一步核查污染治理设施是否完善、是否存在环境污染问题。

5.1.3　水利部

2020年3月，水利部、公安部、交通运输部联合印发《关于建立长江河道采砂管理合作机制的通知》（水河湖〔2020〕37号），决定建立长江河道采砂管理合作机制。合作机制主要涵盖打击非法采砂行为、加强涉砂船舶管理及推进航道疏浚砂综合利用等领域。通知要求，一是打击非法采砂行为。建立和完善联合执法机制，针对重点江段、敏感水域或重点时段开展联合执法行动。健全信息沟通、案件移送等制度，完善行政执法与刑事司法衔接机制。二是加强涉砂船舶管理。建设长江采运砂船舶联合监管信息平台，实现涉砂船舶信息共享。三是推进航道疏浚砂综合利用。水利部、交通运输部将持续深化疏浚砂综合利用合作，共同研究出台长江疏浚砂综合利用指导意见。

2020年5月，水利部办公厅印发的《长江经济带小水电清理整改验收销号工作指导意见》（办水电〔2020〕109号）要求有关省（市）在2020年年底前完成小水电清理整改工作，并组织验收销号工作。小水电清理整改验收销号以省级政府同意的综合评估报告和经批准的"一站一策"方案、技术文件为依据，对照分类整改措施逐项查验完成情况。已按中央生态环境保护督察等要求完成整改并验收销号的整改内容，可引用验收成果，不重复验收。

5.1.4 农业农村部

2020 年 11 月，农业农村部发布《关于设立长江口禁捕管理区的通告》（农业农村部通告〔2020〕3 号）。农业农村部决定扩大长江口禁捕范围，设立长江口禁捕管理区（范围为东经 122°15′、北纬 31°41′、北纬 30°54′形成的框形区域，向西以水陆交界线为界）。禁渔期内禁止生产性捕捞，以巩固和扩大长江禁捕退捕成效，更好地养护长江水生生物资源，保护长江水域生态环境。

通告要求，长江口禁捕管理区以内水域，实行长江流域禁捕管理制度。调整捕捞许可证发放规模，禁渔期内禁止天然渔业资源的生产性捕捞，并停止发放刀鲚（长江刀鱼）、凤鲚（凤尾鱼）、中华绒螯蟹（河蟹）和鳗苗专项（特许）捕捞许可证。在上述禁渔区内因科研、监测、育种等特殊需要采捕的，须经省级渔业行政主管部门专项特许。

长江口禁捕管理区以外海域，继续实行海洋渔业捕捞管理制度。有关省级渔业行政主管部门应根据渔业资源状况和长江口禁捕管理需要，进一步加强海洋渔业捕捞生产管理，适时调整压减生产性专项（特许）捕捞许可证发放规模，清理取缔各类非法捕捞行为，避免对长江口禁捕管理和水生生物保护效果产生不利影响。

5.1.5 交通运输部

2021 年 3 月，交通运输部、国家发展改革委、生态环境部、住房和城乡建设部 4 部委联合印发了《关于建立健全长江经济带船舶和港口污染防治长效机制的意见》（交水发〔2021〕27 号），要求建立健全长效机制,全面提升污染防治能力。利用两年左右时间,到 2022 年年底,初步形成布局合理、衔接顺畅、运转高效、监管有力的船舶和港口污染治理格局。2023 年后,转入常态化运行,支撑长江航运发展全面绿色转型,为我国按期实现碳达峰、碳中和目标做出积极贡献。

意见提出了 4 方面、10 项任务措施。在巩固专项整治成果方面,要严格源头管控,不断推进现有船舶改造升级,提高污染防治总体能力;在提升运行和管理水平方面,要加强船舶污染物接收、转运、处置的有效衔接,强化危险化学品洗舱管理,加快岸电及清洁能源推广使用;在着力夯实各方责任方面,要压实企业主体责任,严格落实部门监管责任,推动落实属地政府责任;在着力提升治理能力方面,要完善法规政策,加快实现全过程电子联单管理。突出重点,加强船舶含油污水等接收、转运、处置能力的定期评估,及时动态完善接收、转运、处置设施;推动组建由相关洗舱站、港航企业参加的长江洗舱作业联盟,研究完善作业标准规范;强化联合监管和互联网监管,重点加大对船舶偷洗偷排化学品洗舱水和含油污水、洗舱站和转运单位违规处置、处置单位超标排放洗舱水等行为的查处力度;加快信息系统的推广应用,推动实现船舶污染物接收、转运、处置的数据共享、服务高效、全程可溯、监管联动。

5.2 沿江 11 省(市)长江保护修复攻坚战成果

5.2.1 上海市

2020 年,上海市坚持"绿水青山就是金山银山"理念,推动生态环境质量持续向好,努力让天更蓝、地更绿、水更清。2019 年长江经济带生态环境警示片披露的 6 个问题中,5 个已完成整改销号;1 个按计划加快工程建设,到 2024 年完成整改。已完成第二轮中央生态环境保护督察 11 个问题的整改①。上海市积极开展长江禁捕退捕、崇明长江经济带绿色发展示范、土壤污染治理修复试点等工作，在长江经济带发展中形成了一系列好的经验做法。

5.2.2 江苏省

2020 年，江苏省扎实推进长三角区域一体化发展，长三角生态绿色一体化发展示范区建设迈出实质性步伐。坚持陆海统筹、江海联动、跨江融合，认真落实"共抓大保护，不搞大开发"战略要求，使长江经济带生态环境质量发生转折性变化。累计关停取缔"散、乱、污"企业 57 275 家，处置"僵尸企业"876 家，钢铁、水泥等行业完成去产能任务，二氧化硫、氮氧化物、化学需氧量、氨氮 4 项主要污染物排放分别下降约 28.4%、25.8%、14%、14.6%，碳排放强度降低 24%，单位地区生产总值能耗下降 20% 以上，均超额完成国家下达的目标任务。深入推进中央生态环境保护督察及"回头看"、全国人大常委会《中华人民共和国水污染防治法》（以下简称《水污染防治法》）执法检查交办问题整改和长江经济带生态环境警示片披露问题整改，坚决打好蓝天、碧水、净土保卫战，生态环境质量持续好转。2020 年，全省 $PM_{2.5}$ 平均浓度为 38 μg/m³，优良天数比例达 81%，水环境国控断面水质优于Ⅲ类的比例达 86.5%，主要入江支流和入海河流断面水质全面消除劣Ⅴ类，创"十三五"以来最好水平。深入推进土壤环境保护和污染治理修复，土壤环境风险得到有力管控。全省林木覆盖率由 22.5% 提高到 24%。太湖治理连续 13 年实现"两个确保"。生态文明建设示范市（县）数量居全国前列②。

---

① 2021 年上海市政府工作报告：https://baijiahao.baidu.com/s?id=16901797721 68281344&wfr= spider&for=pc。

② 2021 年江苏省政府工作报告：https://baijiahao.baidu.com/s?id=16905689810 70261356&wfr= spider&for=pc。

5.2.3 浙江省

2020 年，浙江省生态文明示范创建持续深化。环境质量持续改善，县级以上城市空气质量 6 项指标首次全部达标，省控断面Ⅰ～Ⅲ类水质占比提高 3.2 个百分点，受污染耕地安全利用面积 138.4 万亩^①，新增年危险废物利用处置能力 144 万 t，城镇垃圾分类覆盖面达到 91.5%。生态系统保护力度加大，山水林田湖海生态保护修复工程加快实施，完成造林 57 万亩，发布全国首个省级生态系统生产总值核算技术规范。

一是强化生态环境空间管控。编制完成《浙江省"三线一单"生态环境分区管控方案》（浙环发〔2020〕7 号），编制浙江省河湖生态缓冲带划定与生态修复技术指南，推进 24 个生态缓冲拦截区建设和 3 个河流水生态质量评估试点。积极推进"美丽河湖"建设，开工建设 138 条（个）河（湖），美丽河湖建设长度 1 284 km。

二是持续提升城镇污水处理水平。城镇污水处理设施持续延伸扩面，并加快向清洁排放标准提升。加强疫情期间水环境管理，强化疫情医疗废水、城镇污水监管和饮用水水源安全保障。

三是深入开展工业污染治理。浙江省生态环境厅牵头，联合印发《〈浙江省全面推进工业园区（工业集聚区）"污水零直排区"建设实施方案（2020—2022 年）〉及配套技术要点》（浙环函〔2020〕157 号），全面推进工业园区"污水零直排区"建设。部署全省环境安全隐患排查治理。全省 3 963 家涉危涉重企业全面完成突发环境事件应急预案编制。工业园区污水处理设施整治专项方面，按季度报送整治工作进展，对整治进展情况进行通报督办，赴现场进行调研指导和技术服务。国家级工业园区完成整治，省级工业园区整治完成率达 90% 以上。

---

① 1 亩=1/15 hm²。

四是全面推进农业面源污染防治。加快推进"肥药两制"改革，全省农药减量 434.2 t，不合理化肥施用减量 0.98 万 t。建立肥药"进销用回"信息数据闭环系统，实名制购买已实现涉农县全覆盖。推动"六化"标准万头以上生态美丽牧场建设。推进氮磷生态拦截沟渠系统建设，已累计建成 319 条沟渠，总长度 396.5 km。

五是持续强化港口船舶污染治理。印发《浙江省推进长江经济带船舶和港口污染突出问题整治实施方案》（浙交〔2020〕20 号）。浙江省港口防污染接收设施建设、港口环保设施整改工作已全面完成，港口船舶垃圾、生活污水及油污水等主要接收设施实现全覆盖。组织开展全省供油船安全与防污染集中整治活动。持续开展河湖"清四乱"整治，全省排查发现问题 179 个，问题整改率达 66%。

六是加强尾矿库污染排查整治。49 座尾矿库中，已有 29 座完成治理，任务完成率达 59.2%。开展非煤矿山安全生产专项执法检查，位于自然保护区等区域的停用尾矿库，全部完成闭库。

七是全域推进"无废城市"建设。出台《浙江省全域"无废城市"建设工作方案》、《关于进一步加强工业固体废物环境管理的通知》（浙政办发〔2020〕2 号）、《浙江省工业固体废物专项整治行动方案》（浙环发〔2019〕21 号）等，强化"无废城市"创建和工业固体废物处置监管工作的部署推进。印发《关于发布 2020 年度增补纳入规划危险废物利用处置项目的通知》，明确年度建设项目，持续提升危险废物处置利用能力。

八是积极推进长江经济带专项行动。浙江省生态环境厅印发《关于进一步加强浙江省集中式饮用水水源地生态环境保护工作的通知》，完成 365 个"千吨万人"及以上饮用水水源保护区"划、立、治"，完成率为 93.6%。

5.2.4 安徽省

2020 年，安徽省生态环境质量持续改善。全省 PM$_{2.5}$ 平均浓度下降 15.2%，国控断面水质优良比例达到 87.7%，全部消除劣 V 类。美丽长江（安徽）经济带建设深入推进，长江流域国控断面水质优良比例为 90%，为有监测记录以来最好水平。全面落实长江"十年禁渔"，禁捕区域内渔船、渔民全面退捕，退捕渔民转产就业率、参保率动态实现 100%。完成造林 152.6 万亩。全国林长制改革示范区建设扎实推进，安徽省率先探索实施的林长制已推向全国[①]。

5.2.5 江西省

2020 年，江西省污染防治攻坚战阶段性目标基本实现，国控断面水质优良比例为 96%，长江干流江西段断面水质全部达 II 类标准。"三线一单"生态环境分区管控体系初步建立，《江西省生态环境保护分类监管办法（试行）》出台，固定污染源排污许可制度实现全覆盖，生态环境保护督察实现设区市全覆盖，领导干部自然资源资产离任审计全面推行。率先在全国全面完成人工繁育野生动物处置工作，重点水域禁捕退捕基本到位。城市体检试点工作设区市全覆盖，赣州、景德镇入选城市体检样本城市，赣州获评 2020 年中国最具生态竞争力城市，上饶获评高铁旅游名城，抚州入选全国传统村落集中连片保护利用示范市，浮梁入选国家"绿水青山就是金山银山"实践创新基地，石城、靖安、武宁和昌江入选国家全域旅游示范区，武宁、寻乌、安福、铜鼓、宜黄入选国家生态文明建设示范市（县），寻乌山水林田湖草综合治理入选全国十大生态价值实现典型案例，庐山西海晋升国家 5A 级景区，三清山金沙获

---

① 2021 年安徽省政府工作报告：http://www.hefei.gov.cn/ssxw/wghf/106165199.html。

评国家级旅游度假区。入选"千村万寨展新颜"活动的村庄占参加总数的 30%，居全国第一①。

5.2.6 湖北省

2020 年，湖北省深入推进长江大保护，把保护和修复长江生态环境摆在压倒性位置，深入实施长江经济带发展"双十"工程。持续抓好中央生态环境保护督察反馈问题、长江经济带生态环境警示片披露问题整改。大力抓好沿江化工企业"关改搬转治绿"、入河排污口整治。扎实推进长江、汉江干流湖北段"十年禁渔"。开展长江生物多样性调查。加强南水北调中线核心水源区保护。持续开展国土绿化。建设长江、汉江、清江生态廊道。支持神农架国家公园建设。

统筹水污染治理、水生态修复、水资源保护，推进土壤及地下水污染防治与修复。开展化肥、农药减量增效行动，危险废物专项整治三年行动。统筹推进山水林田湖草等系统治理工程。实施湿地保护、湖泊清淤、河湖水系连通等生态修复行动。持续压实河湖长制，全面推行林长制。强化"三线一单"硬约束，实施生态环境分区管控。探索建立生态保护补偿、生态环境损害赔偿制度。筹办国际湿地公约缔约方大会。

大力发展循环经济、低碳经济，培育壮大节能环保、清洁能源产业。推进绿色建筑、绿色工厂、绿色产品、绿色园区、绿色供应链建设。加强先进适用绿色技术和装备研发制造、产业化及示范应用。推行垃圾分类和减量化、资源化利用。深化县域节水型社会达标创建。探索生态产品价值实现机制②。

---

① 2021 年江西省政府工作报告：http://www.jiangxi.gov.cn/art/2021/2/8/art_392_3189321.html。
② 湖北省人民政府 2021 年工作报告：https://baijiahao.baidu.com/s?id=1690567350655 177860&wfr=spider&for=pc。

5.2.7 湖南省

2020 年,湖南省污染防治成果丰硕。强力推进中央交办督察问题整改,坚决落实长江流域"十年禁渔"任务,强化"一江一湖四水"系统联治,完成污染防治攻坚战"夏季攻势"任务,农村人居环境整治三年行动圆满收官。长江干流湖南段和"四水"干流监测断面水质达到或优于Ⅱ类,全省市级城市平均空气质量首次达到国家二级标准,重金属污染耕地种植结构调整力度加大。中央污染防治攻坚战成效考核中,湖南省被评为优秀等级。洞庭湖区绿色发展水平提升,岳阳市获批长江经济带绿色发展示范区[①]。

5.2.8 重庆市

2020 年,重庆市污染防治力度持续加大,长江干流重庆段水质为优,国控断面水质优良比例达到 100%,空气质量优良天数增至 333 天,$PM_{2.5}$ 平均浓度比 5 年前下降 42.1%,土壤环境质量保持稳定。生态保护修复深入开展,基本完成国家山水林田湖草工程试点和缙云山、水磨溪等自然保护区保护修复工作,全面完成 1 700 万亩国土绿化提升任务,森林覆盖率达到 52.5%。绿色低碳转型提速,率先发布"三线一单"。广阳岛入选"两山"实践创新基地,"长江风景眼、重庆生态岛"雏形初现。重庆经开区入选全国绿色产业示范基地。全市建成绿色园区 10 个、绿色工厂 115 个、绿色矿山 170 个,发行绿色债券 264.5 亿元,国家下达的节能减排降碳任务全面完成。生态文明体制改革向纵深推进,河长制、林长制、流域横向生态保护补偿机制等重点改革取得突破,中心城区被

---

① 2021 年湖南省政府工作报告:http://www.hunan.gov.cn/hnszf/hnyw/sy/hnyw1/202102/t20210205_14402633.html。

列入全国"无废城市"建设试点。优化生态保护格局，开展生态保护红线和自然保护地评估优化调整，促进生态保护与经济发展相协调，加快建设山清水秀美丽之地。强化生态修复治理，深入推进三峡后续工作，全面完成长江干流及主要支流 10 km 范围内废弃露天矿山修复，启动"两岸青山·千里林带"工程，完成林长制试点，长江禁捕退捕三年任务两年完成。打好污染防治攻坚战，率先开展长江入河排污口排查整治试点工作，实施污水乱排、岸线乱占、河道乱建"三乱"整治专项行动。长江支流全面消除劣Ⅴ类水质断面，污染防治攻坚战年度考核为优。坚决整改突出环境问题，中央和市级各类督察、暗访反映的环境问题得到有效解决①。

5.2.9 四川省

2020 年，四川省抓好长江禁捕退捕工作，全面完成退捕任务。深入开展中央生态环境保护督察反馈问题整改和长江经济带生态环境污染治理，完成国家下达的污染防治任务。编制实施四川省推动长江经济带发展工作要点、推动建立跨区域生态补偿机制。抓好大熊猫国家公园建设，创建若尔盖国家公园，讲好长江、黄河四川故事，促进生态、文化、旅游融合发展。出台"美丽四川"建设战略规划纲要，加强"三线一单"成果转化运用，加快实施生态环境分区管控。落实河（湖）长制，深入开展清河、护岸、净水、保水"四项行动"，实施一批生态保护修复重大项目，加强水土保持。全面落实长江流域"十年禁渔"。建立林长制，开展大规模国土绿化行动，完成营造林 550 万亩，提升生态系统碳汇能力。启动川西北生态示范区建设水平评价，开展生态文明建设示范

---

① 2021 年重庆市人民政府工作报告：http://www.cq.gov.cn/zwgk/zfxxgkml/zfgzbg/202101/t20210128_8857504.html。

创建工作①。

大力推动绿色发展。推进国家清洁能源示范省建设，发展节能环保、风光水电清洁能源等绿色产业，建设绿色产业示范基地。促进资源节约集约循环利用，实施产业园区绿色化、循环化改造，全面推进清洁生产，大力实施节水行动。制定二氧化碳排放达峰行动方案，推动用能权、碳排放权交易。持续推进能源消耗总量和强度"双控"，实施电能替代工程和重点节能工程。倡导绿色生活方式，推行"光盘行动"，建设节约型社会，创建节约型机关。

四川省非煤矿山安全隐患问题全部完成整改。2020 年以来，四川省积极开展矿山矿企生态环境问题排查整治专项行动，涉矿生态环境保护和长江上游生态屏障建设水平不断提升。数据显示，截至 2020 年 11 月底，四川省非煤矿山地质环境问题隐患排查已全部完成，共排查非煤矿山 6 776 座。其中，存在安全隐患问题的非煤矿山 821 座，已全部完成整改；存在环境污染问题的非煤矿山 1 860 座，已完成整改 1 521 座。计划实施长江干流及主要支流废弃露天矿山生态修复任务 1 776.32 hm²，已完工 1 698.51 hm²。煤炭行业生态环境问题排查整治方面，截至 11 月底，四川省共有煤矿 364 座，已复产 76 座，建设煤矿复工 2 座。已全面完成生产、复工和停产煤矿生态环境问题和安全隐患排查，存在生态环境问题和安全隐患 887 个，已完成整改 699 个。此外，四川省尾矿库生态环境问题排查整治也有新进展。截至 2020 年 11 月底，四川省 192 座尾矿库生态环境问题和安全隐患排查已全面完成，存在环境污染问题的有 139 座、问题 553 个，已完成整改 112 座、问题 494 个。

---

① 2021 年四川省政府工作报告：https://baijiahao.baidu.com/s?id=1690880473063201388&wfr=spider&for=pc。

5.2.10 云南省

2020 年云南省着力加强污染防治，不断改善生态环境质量。认真整改中央生态环境保护督察"回头看"反馈的问题和长江经济带生态环境突出问题，坚决落实长江"十年禁渔"，大力修复赤水河流域生态环境，六大水系出境跨界断面水质 100%达标。洱海、滇池保护治理深入推进，抚仙湖、泸沽湖水质保持 I 类，星云湖、异龙湖水质由劣 V 类转为 V 类[①]。

云南省建立饮用水水源保护区制度。截至 2020 年年底，云南省全面完成 1 283 个"千吨万人"及其他乡镇级集中式饮用水水源保护区划定和审批工作。至此，云南省乡镇级及以上饮用水水源保护区制度得到全面建立。全省饮用水水源划分保护区面积累计 8 391.3 km²，其中，一级保护区面积 489.9 km²，二级保护区面积 6 145.3 km²，准保护区面积 1 756.1 km²。所划定水源保护区共涉及供水服务人口 1 088.2 万人、供水量 138.2 万 t/d。云南省高度重视"千吨万人"及其他乡镇级集中式饮用水水源保护区划定工作，省政府将划定工作纳入重大行政决策管理，要求各州、市在饮用水水源保护区划定过程中严格按照《云南省重大行政决策程序规定》，切实履行公众参与、专家论证、风险评估、合法性审查等程序，并上报省政府依法审批。2020 年以来，云南省各地按照《长江保护修复攻坚战行动计划》（环水体〔2018〕181 号）和《云南省水源地保护攻坚战实施方案》（云环发〔2019〕4 号）安排部署，齐心协力、攻坚克难，持续推进"千吨万人"及其他乡镇级集中式饮用水水源保护区划定工作。省生态环境厅建立健全督办和反馈机制，加强跨界水源协调，全力推进饮用水水源保护区划定工作。

[①] 2021 年云南省人民政府工作报告：https://baijiahao.baidu.com/s?id=1690459482840 325432 & wfr=spider&for=pc。

5.2.11 贵州省

狠抓中央生态环境保护督察等反馈问题整改，实施"双十工程"，大力推进乌江、赤水河等流域治理，率先在全流域取缔网箱养殖，完成长江流域重点水域退捕禁捕，地表水水质总体优良。县以上城市空气质量优良天数比例保持在95%以上，生活污水、垃圾处理率大幅提高。实施农村人居环境整治，改造农村卫生厕所197.7万户。磷化工企业"以渣定产"，实现年度产销平衡。单位地区生产总值能耗稳步降低，绿色经济占比达到42%。持续推进生态修复，森林覆盖率达到60%。全面推行河（湖）长制、林长制，30项改革举措和经验在全国推广[①]。

---

① 2021年贵州省政府工作报告：https://m.thepaper.cn/baijiahao_11445984。

6

长江保护法

自 2021 年 3 月 1 日起，《长江保护法》正式实行，为规范长江流域生态环境保护和修复以及长江流域生产生活、开发建设活动提供了法律保障。

6.1 出台的时代背景

长江全长约 6 300 km，流域面积 180 万 km²，是中国和亚洲第一长河、世界第三长河，也是世界上完全在一国境内的最长河流。与尼罗河、亚马孙河等国际长河相比，长江是唯一兼具航运、供水、发电、灌溉和养殖等多重功能的河流。长江占有全国 1/3 的水资源、3/5 的水能资源，货运量持续稳居世界内河首位，是名副其实的"黄金水道"。长江流域以水为纽带，连接上下游、左右岸、干支流，形成经济社会大系统，是贯穿我国东西部的流通大动脉、水运大通道，是连接丝绸之路和 21 世纪海上丝绸之路的重要纽带，是我国经济高质量发展的重要引擎。三峡工程是迄今为止世界上规模最大的水利枢纽工程和综合效益最大的水电工程，三峡电站发电量居世界第一。以长江为依托的南水北调工程是迄今为止世界上规模最大的调水工程，截至 2020 年 12 月，累计调水约 394 亿 m³，包括北京、天津等城市在内的 1.2 亿人直接受益。鉴于长江流域极重要的生态价值和经济社会价值，为统筹长江流域保护与发展，制定实施《长江保护法》。该法律的出台十分必要、意义重大。

改革开放以来，长江流域承担起带动中国经济增长的历史重任，流域高投入、高消耗、高污染、低产出的粗放型经济发展方式，使我国付出了沉重的自然资源和生态环境代价。习近平总书记高度重视长江生态保护工作，于 2016 年 1 月、2018 年 4 月、2020 年 11 月，分别在重庆、武汉、南京主持召开推动长江经济带发展座谈会并发表重要讲话，层层递进、逐渐深入全面地对长江保护工作做出重要部署，并专门要求抓紧制定一部长江保护法，让保护长江生态环境有法可依。

2019 年，《长江保护法》被正式纳入全国人大常委会年度立法工作计划，2020 年 12 月由全国人大常委会表决通过，自 2021 年 3 月 1 日起施行。《长江保护法》在起草过程中充分吸纳了中共十九大和十九届二中、三中、四中、五中全会精神，把习近平总书记关于长江保护的重要指示要求和党中央重大决策部署以法律形式确定下来，立足实际、稳中求进、作用深远。

《长江保护法》既与其他相关法律紧密衔接，又聚焦长江保护的特殊性，规定了许多具有针对性、适用性、可操作性的制度措施，通过实施更高标准、更严格的保护措施，统筹推进长江流域山水林田湖草整体保护与系统修复。

6.2 出台的重要意义

（1）有利于妥善处理保护与发展的关系

2016 年，习近平总书记在第一次推动长江经济带发展座谈会上就明确提出"共抓大保护，不搞大开发"，指出了长江经济带今后发展方向。实施好《长江保护法》，就是要走出一条生态优先、绿色发展之路。

《长江保护法》首先是一部保护修复生态环境的法律，在资源保护、污染防治、生态修复等各方面建立了一系列硬约束机制，始终把保护和修复生态环境摆在压倒性位置，依法严格规范各类开发、建设活动，防范和纠正各种影响、破坏生态环境的行为，促进人与自然和谐共生。

《长江保护法》也是一部促进绿色发展的法律，在推动重点产业升级改造和重污染企业清洁化改造、促进城乡融合发展、改善城乡人居环境质量、加强节水型城市和海绵城市建设、提升长江黄金水道功能等方面规定了许多支持性、保障性以及约束性的措施，明确要求形成节约能源资源和保护生态环境的产业结构、增长方式、消费模式，促进经济社会发展全面绿色转型，让清水绿岸产生巨大生态效益、经济效益、社会效益。

（2）有利于统筹考虑近期和远期的关系

近年来，在党中央、国务院的高位推动下，各部门及长江流域沿线各级政府组织开展了一系列专项行动，解决了一大批历史遗留问题，流域水环境质量持续提升，生态环境明显改善。但需清醒地认识到，长江流域水生态环境仍然面临若干突出问题和挑战。《长江保护法》坚持问题导向，直面现实问题，同时兼具现实性与前瞻性，将解决近期突出问题与长远谋划相统一。针对生态空间挤占、水资源保护力度不足、部分河段水体污染较重、生态破坏现象凸显、沿线环境风险较高等近期突出问题，提出了优化空间格局、合理保护和利用水资源、加大水污染防治和监管力度、统筹推进生态保护修复、强化航运和饮水安全风险防范等具体举措。

此外，《长江保护法》充分贯彻落实十九届五中全会及习近平总书记在推动长江经济带发展座谈会上的重要讲话精神，注重生态系统整体性和流域完整性，为长江流域生态环境保护规划指明了方向，明确了水资源保护、水污染防治、水生态修复、绿色发展等不同领域的工作重点，在提升生态系统质量和稳定性上下功夫。

（3）有利于系统强化多领域、多要素治理

《长江保护法》统筹考虑了水环境、水生态、水资源、水安全、水文化和岸线等多方面的有机联系，构建流域多领域、多要素综合治理的新体系。在水资源保护方面，提出合理利用、优先满足生活用水、保障基本生态用水、实施水工程生态调度等要求；在水污染防治方面，提出要制定流域标准，强化总磷治理，加强农业面源污染防治，处理固体废物，加强危险化学品运输管控；在水生态修复方面，要实行自然恢复为主、自然恢复与人工修复相结合的系统治理，突出岸线治理，明确长江干支流 1 km 及 3 km 范围内的禁止行为，保护水生生物多样性；在水风险防范方面，强化航运监督管理，加强饮用水水源保护；在水文化保护方面，要保护历史文化名城名镇名村，加强文化遗产保护，继承和弘扬特色文化。

（4）有利于整体谋划上中下游、左右岸协同保护

目前，长江流域管理体制尚不健全，尤其是分割管理问题突出，严重影响管理效率，这也是长江流域多种利益冲突和生态环境问题突出的深层原因之一。《长江保护法》第四条明确规定"国家建立长江流域协调机制"，这是我国流域管理机制的重大变革，打破了以往长江保护中的行政边界，有助于从源头上防控污染，也进一步明确了长江流域协调机制的运作模式、管理监督方式和职责、权限，细化了具体设计，防止在齐抓共管中出现部门间互相推诿、监管缺失的现象，将"九龙治水"变为"一龙管江"，打破了行政区划界限。长江流域协调机制将统筹协调长

江保护重大政策、重大规划、重大事项，督促检查长江保护重要工作的落实情况。要求各地方履行好本行政区域内保护长江的法定职责，在地方立法、规划编制、监督执法等方面积极开展合作，推进长江上中下游、江河湖岸、左右岸、干支流协同治理，改善长江生态环境和水域生态功能，提升生态系统质量和稳定性。

（5）有利于鼓励调动多元化、市场化治理的积极性

《长江保护法》明确了各级政府在绿色发展、生态保护等具体工作中的主要任务与职责，同时也强调了实施多元化、市场化治理的重要作用，鼓励引入社会资金，建立市场化运作的长江流域生态保护补偿基金，运用市场化运作的原则将社会资本投入长江流域生态环境修复项目。规定建立长江流域生态保护补偿制度，由国家加大财政转移支付力度，并鼓励地方开展横向生态保护补偿。有关部门和地方要按照法律规定，进一步探索、总结并及时推广生态保护补偿的具体办法。

《长江保护法》强调实施考核评价制度，明确上级人民政府对下级人民政府生态环境保护和修复目标完成情况等进行考核，运用法律将考核评估制度变成有效抓手，督促各级政府开展长江保护修复工作；《长江保护法》提出了完善公众参与程序，为公民、法人和非法人组织参与和监督长江流域生态环境保护提供便利，引导社会公众共同参与长江大保护行动。

6.3 生态环境领域的亮点

（1）为长江流域休养生息提出了明确要求

推进长江流域休养生息，是恢复和保持长江良好的自我修复、自我净化功能的根本措施。《长江保护法》第八条、第二十二条、第二十八条、第五十三条均明确了长江流域休养生息的具体要求：一是开展资源环境

承载能力评价，并向社会公布自然资源状况，规定产业结构和布局应当与生态系统和资源环境承载能力相适应；二是实施生态环境分区管控，制定管控方案和生态环境准入清单；三是在流域水生生物保护区全面禁止生产性捕捞；四是划定禁止采砂区和禁止采砂期，严格控制采砂区域、采砂总量和采砂区域内的采砂船舶数量。

（2）为保障河湖生态流量提供了法律依据

一段时期以来，长江流域一些地方人与自然争水、河湖生态流量难以保障，出现了洞庭湖、鄱阳湖与长江关系失调，江湖生态系统萎缩，水文生态功能不强，陆生生态系统质量不高，生境退化等问题。《长江保护法》第三十一条提出"国家加强长江流域生态用水保障"，首次在我国法律中建立了生态流量保障制度。一是确定生态流量管控指标，国务院水行政主管部门有关流域管理机构应当将生态水量纳入年度水量调度计划，保证河湖基本生态用水需求；二是建立常规生态调度机制，将生态用水调度纳入工程日常运行调度规程，保障河湖生态流量。

（3）为保护水生生物健康完整制订了计划

水生生物是水域生态的重要组成部分，也是江河湖泊健康状况的终极指标。长期以来，受拦河筑坝、水域污染、过度捕捞、航道整治、挖砂采石等高强度人类活动的影响，长江流域生态环境遭到严重破坏，导致白鱀豚、白鲟功能性灭绝，中华鲟、长江鲟、长江江豚极度濒危，珍稀特有物种全面衰退，经济鱼类资源接近枯竭。《长江保护法》从流域的整体性、系统性出发，提出了一系列举措：一是开展长江流域水生生物多样性调查，并对水生生物完整性进行评价；二是制订长江流域珍贵、濒危水生野生动植物保护计划，实施珍贵、濒危水生野生动植物重点保护；三是要求重点水域实行严格捕捞管理，明确对破坏渔业资源和生态环境的捕捞行为的惩罚规则，从法律层面推动长江"十年禁渔"规定的有效执行，充分扭转长江生态功能恶化和水生生物资源衰退趋势。

（4）为河湖岸线生态修复实施了特殊管制

目前，长江干流和一些主要支流沿岸高风险企业聚集，长江岸线港口无序发展问题突出，给长江生态环境带来极大隐患。《长江保护法》第二十六条、第五十五条提出岸线管控要求。一是划定河湖岸线保护范围，制定河湖岸线保护规划，严格控制岸线开发建设，促进岸线合理高效利用；二是明确长江干支流岸线 1 km 范围内禁止新建、扩建化工园区和化工项目，长江干流岸线 3 km 范围内和重要支流岸线 1 km 范围内禁止新建、改建、扩建尾矿库的产业发展管控要求；三是要求制定河湖岸线修复规范，确定岸线修复指标，保障自然岸线比例，恢复河湖岸线生态功能。

（5）为解决突出污染问题明确了整治对象

总磷是长江首要污染物，"十三五"期间，长江流域以总磷为水质定类因子的断面比例超过 50%。我国磷矿资源主要分布在贵州、云南、四川、湖北、湖南等省份，其磷矿石储量 135 亿 t，占全国总量的 76.7%；磷矿资源储量 28.7 亿 t，占全国总量的 90.4%。针对长江流域磷矿、磷肥、磷化工和相关尾矿等领域的突出问题，《长江保护法》第四十六条规定了总磷污染防治要求：一是省级人民政府制定本行政区域的总磷污染控制方案，对于涉磷超标排放等违法行为，实施更严厉的处罚；二是磷矿开采加工、磷肥和含磷农药制造等企业应当按照排污许可要求，采取有效措施控制总磷排放浓度和排放总量；三是对排污口和周边环境进行总磷监测，依法公开监测信息。

（6）为完善流域补偿制度提供了方法途径

长江干流及重要支流源头、上游水源涵养地等区域，往往要为流域的生态环境保护做出一定经济利益牺牲。近年来，有关部门和地方积极探索建立多元化生态保护补偿机制，如新安江流域、云贵川赤水河生态补偿机制，长江经济带全流域、多方位的生态补偿体系正在逐步形成。《长江保护法》第七十六条明确规定"国家建立长江流域生态保护补偿制度"，有利于环境利益和经济利益在保护者和破坏者、受益者和受害者之间公平分配。上下游之间通过补偿方与被补偿方之间的利益协调和共享机制，促进环境福祉的共享，真正形成全流域发展合力，从而推进长江经济带的高质量发展。

6.4 明确流域规划体系

6.4.1 长江流域规划体系总体框架分析

《长江保护法》第十七条规定："国家建立以国家发展规划为统领，以空间规划为基础，以专项规划、区域规划为支撑的长江流域规划体系，充分发挥规划对推进长江流域生态环境保护和绿色发展的引领、指导和约束作用。"据此规定，长江流域规划体系的定位主要在于对长江流域生态环境保护和绿色发展发挥作用。其中，发展规划主要解决绿色发展方面的问题，国土空间规划在科学统筹安排长江流域生态、农业、城镇等功能空间结构和布局中发挥基础性作用，区域规划通常是为细化落实上位规划要求而编制的，而相关专项规划则主要解决长江流域生态环境保护方面的问题，这也是与生态环境多要素构成特征和推进山水林田湖草系统治理的要求相适应的。因此，长江流域规划体系是由发展、国土空间、生态环境保护三大领域相关规划有机组成的整体。各领域自身也是一个子规划体系，构成情况如下：

发展规划体系分为"三级三类"。"三级"是指按照行政层级分为国家级规划、省级规划、市（县）级规划；"三类"是指按照对象和功能类别分为总体规划（国民经济和社会发展规划）、专项规划（如行业和产业发展规划）和区域规划（如长江三角洲区域一体化发展规划）。发展规划体系应当坚持生态优先、绿色发展，共抓大保护、不搞大开发，统筹长江流域上下游、左右岸、干支流生态环境保护和绿色发展。

国土空间规划体系分为"五级三类"。"五级"是指国家级、省级、市级、县级、乡镇级；"三类"是指总体规划、详细规划、专项规划。国土空间规划体系统领长江流域国土空间利用任务，通过划定生态保护红线、永久基本农田、城镇开发边界等，对国土空间保护、开发、利用、修复做出安排，优化国土空间结构和布局。涉及长江流域国土空间利用的专项规划都应当与之相衔接。

生态环境保护规划体系以《长江流域生态环境保护规划》为统领，以若干专项规划为支撑，涉及多层面，覆盖全生态环境保护领域，为长江流域生态环境保护工作确立总体战略布局，明确目标任务，提出具体政策措施，可分为"四级+N 项"。"四级"是指按照管理层级分为流域级、省级、市级、县级；"N 项"是指根据流域生态环境某一方面保护需求，制定相关专项规划，如水生态环境保护规划、河湖岸线保护规划等。各专项规划协同解决生态环境保护各方面的问题，共同发挥对长江流域生态环境保护的引领、指导和约束作用。

6.4.2 科学构建长江流域生态环境保护规划体系

尽管《长江保护法》对水资源、河湖岸线、生态环境修复、养殖水域滩涂、河道采砂等专项规划进行了专门阐述，但是对整个流域生态环境保护规划体系尚无明确的规定。为此，本书进一步细化提出长江流域生态环境保护"四级一项"的规划体系设计，具体阐述如下：

作为总领的《长江流域生态环境保护规划》应以《长江保护法》为

依据，围绕高质量发展、空间布局、水生态、水资源、水环境、水安全、水文化、岸线以及保障措施等方面进行顶层设计。

1）高质量发展方面，通过综合考虑长江流域不同区域之间的产业发展特征和城乡基础设施建设布局，调整产业结构，优化产业布局，推进乡村振兴和新型城镇化，建设美丽城镇、美丽乡村以及海绵城市。

2）空间布局方面，通过进一步明确"三线一单"的管控要求，提出生态环境分区管控方案和生态环境准入清单，实施以流域控制单元为载体的精细化管理措施，推进流域生态环境系统治理、源头治理、综合治理，解决影响水生态环境的城镇用地、矿山修复、危化品企业搬迁等岸上问题。

3）水生态方面，包括协同推进、设立国家公园等自然保护地，维护湿地生态功能和生物多样性，防治水土流失，增强水源涵养能力，开展富营养化湖泊的生态环境修复，禁渔，严控采砂，保护草原资源，划定禁止航行区域等。

4）水资源方面，包括生态流量保障，统筹考虑水资源合理配置，严格控制高耗水项目建设，实施取用水总量控制和消耗强度控制管理，实施河湖水系连通修复，加强生态用水保障等。

5）水环境方面，包括推进制定流域水环境质量标准、区域重点污染物排放总量控制指标和地方水污染物排放标准，加强生活、工业、农业污染源防治，制定总磷污染控制方案，建设船舶污染物接收转运处置设施，开展江河、湖泊排污口排查整治等。

6）水安全方面，主要是加强风险防控，加强饮用水水源地保护，制定饮用水安全突发事件应急预案，保障地下水资源安全，加强危险化学品运输管控。

7）水文化方面，把与水有关的文化集中起来，加强生态环境保护和绿色发展宣传教育，保护长江流域历史文化名城、名镇、名村，继承和弘扬长江流域优秀特色文化。

8）岸线方面，重点在于划定河道湖泊管理范围，实施河湖岸线修复。

9）保障措施方面，重点推进长江流域生态保护补偿基金建设，发展绿色信贷、绿色债券、绿色保险，推进横向生态保护补偿，实行生态环境保护责任制和考核评价制度等。

作为支撑的相关专项规划是整个长江流域生态环境保护规划体系的重要组成部分，在某一方面对长江流域生态环境保护发挥作用。其中，"生态环境修复规划"主要指导实施重大生态环境修复工程，统筹推进长江流域各项生态环境修复工作；"养殖水域滩涂规划"主要通过合理划定禁养区、限养区、养殖区，科学确定养殖规模和养殖密度，强化水产养殖投入品管理，指导和规范水产养殖、增殖活动；"水生态环境保护规划"主要依据《水污染防治法》，统筹水资源、水生态、水环境，系统推进工业、农业、生活、航运污染治理，河湖生态流量保障，生态系统保护修复和风险防控等任务；"河道采砂规划"重点在于严格控制采砂区域、采砂总量和采砂区域内的采砂船舶数量；"水资源规划"主要依据《中华人民共和国水法》，制定符合长江特色的流域综合规划，推进长江流域水资源合理配置、统一调度和高效利用；"河湖岸线保护规划"重点在于严格控制岸线开发建设，促进岸线合理高效利用。同时，为满足流域生态环境保护需要，整个规划体系应保持一定的灵活性，对于体量较大、在上述专项规划之外有必要单独编制专项规划的，则应编尽编；对于体量不足以单独编制专项规划的，相关内容可在《长江流域生态环境保护规划》中予以明确。

长江流域生态环境保护规划体系 4 个层级的侧重点和编制深度各

不相同。流域级规划侧重战略性，以贯彻国家重大战略和落实大政方针为目标，提出较长时间内流域生态环境保护战略目标，确定保护的重点地区和类别，对流域生态环境保护做出全局安排；省级规划侧重协调性，按行政辖区落实流域生态环境保护战略，是省域内协调生态环境保护与绿色发展的重要手段，是编制市级等下层生态环境保护规划的基本依据；市级规划侧重实施性，结合本市实际，落实流域级、省级的生态环境保护战略要求，具体推进生态环境保护修复，促进资源合理高效利用，优化产业结构和布局；县级规划则是根据现实需求，按照上级规划编制实施方案或年度计划，落实上位规划的战略要求和约束性指标。

7

长江经济带生态补偿机制

2020 年 11 月，习近平总书记在全面推动长江经济带发展座谈会上强调："要加快建立生态产品价值实现机制，让保护修复生态环境获得合理回报，让破坏生态环境付出相应代价。"生态补偿是生态产品价值实现机制的重要途径之一。党中央、国务院历来高度重视生态补偿机制，在《关于加快推进生态文明建设的意见》（中发〔2015〕12 号）中，将"健全生态保护补偿机制"作为"健全生态文明制度体系"的重要内容之一。生态补偿机制成为我国生态文明建设的核心制度。在《生态文明体制改革总体方案》（中发〔2015〕25 号）中，将健全生态补偿机制作为生态文明体制改革的重点任务之一。党的十九大明确提出建立市场化、多元化生态补偿机制。2018 年 5 月，习近平总书记在全国生态环保大会上的讲话为生态文明建设做了顶层设计，生态补偿成为习近平生态文明思想的重要组成部分。目前，已经陆续出台了《关于健全生态保护补偿机制的意见》（国办发〔2016〕31 号）、《关于加快建立流域上下游横向生态保护补偿机制的指导意见》（财建〔2016〕928 号）、《建立市场化、多元化生态保护补偿机制行动计划》（发改西部〔2018〕1960 号）、《生态综合补偿试点方案》(发改振兴〔2019〕1793号)。针对长江经济带生态补偿,国家出台了《关于建立健全长江经济带生态补偿与保护长效机制的指导意见》(财预〔2018〕19号)、《中央财政促进长江经济带生态保护修复奖励政策实施方案》(财建〔2018〕6号)等相关文件,旨在推动长江经济带加快建立省际、省内横向生态补偿机制。目前,长江经济带沿线省市已开展了不同程度的流域生态补偿探索,推动长江经济带生态环境保护修复工作取得积极成效。为贯彻习近平总书记在全面推动长江经济带发展座谈会上的讲话精神,还需深入推进长江经济带建立健全生态补偿机制,进一步形成共抓大保护的工作格局。

7.1 生态补偿机制建设情况

7.1.1 上海市、江西省建立了覆盖全域范围的纵向生态补偿转移支付机制

2017年,上海市在2009年印发《关于本市建立健全生态补偿机制的若干意见》和《生态补偿转移支付办法》的基础上,印发《市对区生态补偿转移支付办法》,进一步细化原有支付办法,生态补偿转移支付资金始终保持大幅增长的态势。以上海市环保局负责的水源地生态补偿为例,2009—2018年,累计补偿资金逾59亿元,2018年补偿资金达到11.5亿元。

2018年2月,《江西省流域生态补偿办法》正式下发,基本保留了2015年出台的《江西省流域生态补偿办法(试行)》的内容,继续将鄱阳湖和赣江、抚河、信江、饶河、修河等五大河流以及长江九江段和东江流域等全部纳入实施范围,涉及全省所有100个建制县(市、区),

2018 年生态补偿资金规模将超过 28.9 亿元。拟就工作成熟度具代表性的县（市）开展全省流域生态补偿情况调研，推进建立省际及省内横向生态补偿机制。

7.1.2 江苏省、安徽省按照"谁超标、谁补偿，谁达标、谁受益"原则，建立了覆盖全省的流域水环境质量"双向补偿"机制

江苏省全省共有补偿断面 112 个，其中，沿江 8 市共有补偿断面 76 个。截至目前，江苏省水环境区域补偿资金累计近 20 亿元，补偿资金连同省级奖励资金全部返还地方，专项用于水污染防治工作，有效推动了区域水环境质量的改善。江苏的区域补偿工作还向纵深发展，无锡、徐州、常州、苏州、南通、淮安等多地也参照省级补偿工作做法，在辖区范围内开展跨县（市、区）河流区域补偿。

安徽省政府办公厅于 2017 年 12 月印发了《安徽省地表水断面生态补偿暂行办法》，建立了以市级横向补偿为主、省级纵向补偿为辅的地表水断面生态补偿机制，涉及全省 121 个断面，涵盖了安徽省长江干流、淮河及重要支流，以及重要湖泊；组织长江干流上下游 5 市政府签订了《安徽省长江流域地表水断面生态补偿协议》。2019 年，省级财政预算安排全省地表水断面生态补偿资金 1.2 亿元，对 16 个市的国控断面及跨省断面进行补偿，实施新安江流域生态补偿试点、长江经济带生态补偿、大别山水环境生态补偿和皖苏滁河流域横向生态补偿。

7.1.3 浙江省、重庆市推动全域建立上下游横向生态补偿机制

浙江省在印发《关于建立省内流域上下游横向生态保护补偿机制的实施意见》（浙财建〔2017〕184号）的基础上，按照"早签早得、早签多得"的要求，及时分解安排长江经济带保护和治理奖励资金。到2020年6月，共有42对、50个市县成功签订跨流域横向生态补偿协议，覆盖全省八大水系主要干流。

重庆市政府出台《重庆市建立流域横向生态保护补偿机制实施方案（试行）》（渝府办发〔2018〕53号），要求全市行政区域内流域面积500 km²以上，且流经2个区县及以上的19条次级河流，实现区县横向生态保护补偿机制全覆盖。

7.1.4 湖南省、贵州省、四川省在全省重点流域建立了流域生态补偿机制

湖南省在湘江流域水质水量考核生态补偿工作实施三年的基础上，于2019年印发了《湖南省流域生态保护补偿机制实施方案（试行）》，明确将在湘江、资水、沅水、澧水干流和重要的一、二级支流，以及其他流域面积在1 800 km²以上的河流，建立水质水量奖罚机制和流域横向生态保护补偿机制。一方面，实施水质水量奖罚机制。对市州、县市区的流域断面水质、水量进行监测考核。水质达标、改善，获得奖励；水质恶化，实施处罚。另一方面，实施流域横向生态保护补偿机制，市州之间按每月80万元、县市区之间按每月20万元的标准相互补偿。截至2020年，已有9个市州、14个县（市、区）签订了共计13份流域横

向生态补偿协议；省财政厅共预拨全省各地流域生态补偿资金 4.92 亿元，并建立工作月报调度机制。

贵州省于 2021 年 1 月印发了《贵州省赤水河等流域生态保护补偿办法》，政策范围包括乌江、赤水河、綦江、柳江、沅江、红水河、北盘江、南盘江、牛栏江、横江等水系干流，初步建立了长江流域贵州段沿江各市、县主要流域的生态补偿机制。流域生态补偿机制采取横向补偿与省级奖补相结合的方式。其中，横向补偿资金来源为上游市（州）人民政府预算安排的财政资金，省级奖补资金来源为中央重点生态功能区转移支付、省级环保生态文明等有关资金。

四川省 2011 年在长江上游重要一级支流岷江、沱江首次尝试开展流域横向生态补偿工作。2017 年，印发《四川省"三江"流域省界断面水环境生态补偿办法（试行）》，建立起"三江"流域四川境内闭循环考核机制。2019 年，印发《四川省流域横向生态保护补偿奖励政策实施方案》，明确从 2018 年到 2020 年为第一个奖励政策周期，重点实施范围为四川省长江流域的岷江、沱江、嘉陵江等流域。一方面，对四川省与相关省（市）签订补偿协议、建立跨省流域横向生态保护补偿机制、承担责任的相关市（州）给予奖励；另一方面，对省内同一流域上下游所有市（州）中协商签订补偿协议、建立流域横向生态保护补偿机制的给予奖励。截至 2020 年年底，四川省财政已累计出资 31.63 亿元，用于鼓励各地河流保护。

7.2 跨省流域生态补偿机制运行情况

（1）跨省新安江流域生态补偿试点趋于常态化

为加快建立健全生态补偿机制，在财政部、环境保护部与皖浙两省积极磋商推动下，于 2012 年共同签订了《新安江流域水环境补偿协议》，建立了我国第一个跨省流域生态补偿试点，以三年为周期开展探索。截至 2017 年年底，两轮试点圆满收官，流域水环境质量稳定为"优"并进一步趋好，经济发展一直保持较快速度和较高质量，公众生态文明意识与生态环境保护参与度显著提高，流域上下游联动机制不断健全，基本实现了试点目标。

在前两轮新安江流域生态补偿试点的基础上，浙江省生态环境厅会同省财政厅对两轮试点工作进行了绩效评价，并联合安徽省向财政部、原环境保护部申请继续对新安江流域生态补偿进行指导和支持。2018 年 10 月中旬，两省签署了《关于新安江流域上下游横向生态补偿的协议》，正式开启第三轮新安江流域跨省生态补偿各项工作。第三轮试点为期三年（2018—2020 年），浙江省、安徽省每年各出资 2 亿元，并积极争取中央资金支持。

与前两轮试点工作相比，第三轮补偿协议进一步提高了水质考核指标，在水质考核中加大总磷、总氮的权重，氨氮、高锰酸盐指数、总氮和总磷 4 项指标权重分别由原来的各 25%调整为 22%、22%、28%、28%，还相应提高了水质稳定系数，由第二轮的 89%提高到 90%。与此同时，第三轮试点在货币化补偿的基础上，将积极探索多元化、市场化的补偿机制，一方面鼓励和支持通过设立绿色基金、政府和社会资本合作（PPP）、融资贴息等方式，引导社会资本加大新安江流域综合治理和绿色产业投入，另一方面将充分发挥杭黄铁路等重大交通设施的联通作用，按照产业互补、生态共建、发展共享的原则，积极创设平台，强化杭州市和黄山市的产业项目对接，协力推进黄山市加快实现绿色发展，把黄山—新安江—千岛湖—富春江—钱塘江打造成长三角地区乃至全国最美生态旅游风景带。

（2）跨省赤水河流域生态补偿试点正式启动

2018年2月，云南、贵州、四川三省经过协商后，签订《赤水河流域横向生态保护补偿协议》，并按1：5：4的比例，共同出资2亿元，设立赤水河流域横向补偿金，分配比例为3：4：3。

协议明确，补偿目标是赤水河生态环境质量达标并保持稳定，水质不恶化。其中，云南省清水铺、贵州省鲢鱼溪等干流国控断面水质年均值达到II类标准。同时，在茅台镇上游增加监测断面，由四川省和贵州省共同担责；贵州省再增加桐梓河、习水河入赤水河断面为考核断面；在大同河、古蔺河增加省界监测断面，责任方为四川省。

根据目标，各责任断面考核水质若未完全达标或不达标，其补偿金将被适当或全部扣减，拨付给下游地区。具体为：若清水铺未达标，云南省被扣减的补偿金拨付给下游贵州、四川两省；若鲢鱼溪未达标，贵州省被扣减的补偿金拨付给四川省；大同河、古蔺河未达标，四川省被扣减的补偿金拨付给贵州省；桐梓河、习水河未达标，贵州省被扣减的补偿金拨付给四川省；茅台镇上游断面未达标，贵州、四川两省被扣减的补偿金拨付给下游区县。

（3）酉水流域、滁河流域、渌水流域生态补偿试点取得突破

2018年，湖南省政府与重庆市政府共同签订《酉水流域横向生态保护补偿协议》，以位于重庆市秀山县与湖南省湘西州花垣县交界处的国家考核断面里耶镇的水质为依据，实施酉水流域横向生态保护补偿。断面水质评价直接采用国家公布的水质监测数据，根据国家确定的里耶镇断面水质评价结果，按月核算酉水流域横向生态保护补偿资金。考核目标为III类水质，若达标，由湖南省补偿重庆市；若超标，由重庆市补偿湖南省。协议有效期为2019年1月1日至2021年12月31日。协议还规定，湘、渝两省市将建立完善的协调沟通、信息共享、监测预警、应

急响应、执法协作、合力治污等联防共治机制，共同加强酉水流域锰污染防控，保护酉水流域水环境，共同实现绿色发展。

2018年12月，安徽省政府与江苏省政府签署了《关于建立长江流域横向生态保护补偿机制的合作协议》。根据该协议，到2020年年底前，安徽、江苏两省以滁州市域内的陈浅断面水质为依据，以生态环境部与两省政府签订的水污染防治目标责任书确定的年度水质类别目标作为指标，实施"谁超标谁补偿，谁达标谁受益"的双向补偿机制。若年度水质达到Ⅱ类或以上，则江苏省补偿安徽省4 000万元，补偿资金全部拨付给滁州市；若年度水质达到Ⅲ类，则江苏省补偿安徽省2 000万元，补偿资金全部拨付给滁州市。若年度水质为Ⅳ类，则安徽省补偿江苏省2 000万元，补偿资金全部拨付给南京市；若年度水质为Ⅴ类及以下，则安徽省补偿江苏省3 000万元，补偿资金全部拨付给南京市；若月度水质达到Ⅲ类及以上，则安徽省按月补助300万元给滁州市。补偿资金将专项用于滁河环境综合治理、生态保护建设、生态补偿、经济结构调整和产业优化升级等。鼓励和支持受偿方通过PPP、基金、绿色债券、融资贴息、后奖补等方式，积极引入社会资本，加大滁河综合整治和绿色产业投入。

2019年8月，江西、湖南两省政府签订《渌水流域横向生态保护补偿协议》，开始实施为期三年的渌水流域横向生态保护补偿。补偿协议建立了考核与激励相结合的机制。两省商定，以位于江西省萍乡市与湖南省株洲市交界处的国家考核金鱼石断面水质为依据，实施渌水流域横向生态保护补偿。若金鱼石断面当月的水质类别达到或优于国家考核目标（Ⅲ类），则湖南省拨付相应补偿资金给江西省；若金鱼石断面当月水质类别劣于国家考核目标（Ⅲ类），或当月出现因上游引发的水质超标污染事件，则江西省拨付相应补偿资金给湖南省。根据国家公布的水质监测数据和评价结果，按"月核算、年缴清"形式落实补偿。

（4）其他跨省流域补偿尚处在磋商阶段

贵州省启动了西江流域横向生态补偿试点工作研究，与云南省达成初步共识，拟共同发起建立西江横向生态补偿机制的倡议，与广西、广东下游省份进行磋商。湖北、湖南两省就位于两省交界的黄盖湖开展省际流域横向生态补偿协商。重庆市与毗邻的四川、贵州和湖北等省份磋商，按统一机制设计、分省份分流域推进的原则，谋划共建补偿机制。

7.3 机遇与形势

7.3.1 重要机遇

（1）国家对重点流域生态补偿给予充分重视

2018 年，财政部先后印发《中央财政促进长江经济带生态保护修复奖励政策实施方案》（财建〔2018〕6 号）和《关于建立健全长江经济带生态补偿与保护长效机制的指导意见》（财预〔2018〕19 号），由中央财政拿出 180 亿元，作为对长江经济带生态保护修复的奖励资金，推动长江经济带上下游建立流域横向生态补偿机制。尽管两个文件目标仅设定到 2020 年，2020 年以后的生态补偿机制建设工作暂未有明确顶层设计，但在 2020 年 5 月，财政部、生态环境部、水利部、国家林草局联合印发《支持引导黄河全流域建立横向生态补偿机制试点实施方案》（财资环〔2020〕20 号），对黄河建立覆盖全流域的横向生态补偿机制提出了明确要求。可以推断，对于我国的另一条母亲河长江流域，国家势必会继续推进建立全流域生态补偿机制，以调节流域各地区利益关系，落实"共抓大保护，不搞大开发"的发展战略。

（2）流域生态补偿机制已积累丰富经验

经过国家和地方多年的努力，长江流域生态补偿加快推进，制度不断完善，实践不断丰富，探索不断深入，生态补偿取得了显著的成效。一是符合我国国情的生态补偿制度框架基本建立，特别是在流域上下游横向生态补偿和重点生态功能区转移支付方面取得积极成效。二是通过建立生态环境保护者和受益者的利益均衡机制，明确了保护者和受益者的经济责任，调动了各方开展生态环境保护工作的积极性和主动性。三是生态补偿的实施主要是以财政资金奖励和治理保护项目建设为抓手，以政策引导与扶持为推动力，目前已经初步建立了技术支撑体系。四是随着生态补偿工作的持续深入推进，生态补偿机制在生态环境质量改善、助推绿色发展和脱贫攻坚中发挥了越来越重要的作用。五是新安江等流域生态补偿试点起步较早，在协调、监测、合作、绿色发展等领域积累了丰富的经验，为长江流域其他地区的跨界生态补偿机制建设提供了极富参考价值的样板。

（3）市场化、多元化生态补偿机制亟待突破

开展市场化、多元化生态补偿是国家对市场化、多元化生态补偿的政策要求，是建立生态补偿长效机制的现实需求，有助于协调经济发展与环境保护的矛盾。在长江流域已有实践中，部分地区已在相关领域做出了探索和尝试，补偿领域从单领域生态补偿向综合补偿延伸，补偿主体逐步扩展到企业、社会等多主体，补偿方式呈现对口协作、产业转移、人才培训、共建园区等多种形式。例如，新安江流域在上游黄山地区农村人口中开展技能培训等智力帮扶，提高受偿区农村人口劳动技能；黄山市与国开行、国开证券等共同发起全国首个跨省流域生态补偿绿色发展基金，吸引社会资金投资生态治理和环境保护、绿色产业发展等领域，大力推进现代生态农业和循环经济园区建设，促进产业转型和生态经济

发展等。2019 年,发改委等 9 部门联合印发《建立市场化、多元化生态保护补偿机制行动计划》(发改西部〔2018〕1960 号),要求各地积极推进市场化、多元化生态保护补偿机制建设。长江经济带的流域生态补偿机制建设也应结合该行动计划的实施,因地制宜开展市场化、多元化生态补偿方式探索,多渠道健全受偿地区的造血机制,增强流域绿色发展能力。

7.3.2 形势挑战

尽管长江经济带生态补偿取得了较好的成绩,但是由于生态补偿涉及领域多、范围广、利益关系复杂,还存在以下问题:

一是全流域的跨省流域生态补偿机制尚未建成。跨省流域生态补偿机制往往需要由中央推动建立,中央审议通过印发《关于建立健全长江经济带生态补偿与保护长效机制的指导意见》(财预〔2018〕19 号)、《中央财政促进长江经济带生态保护修复奖励政策实施方案》(财建〔2018〕6 号)等文件,以补偿机制建设奖励资金推动了一批跨省流域生态补偿机制的构建,但相关政策和资金明确的有效期限为 2020 年。实际上,全域参与、环环相扣的流域生态补偿机制尚未完全建成,青海、西藏等源头地区,以及上海等下游省(市)并未参与机制建设。

二是生态补偿标准仍然偏低。补偿标准主要由上下游政府部门协商确定,缺乏科学测算依据,没有充分体现机会成本、污染治理成本和生态系统服务价值等因素,生态补偿标准偏低,上游地区难以合理受偿。目前大部分地方流域补偿的目标仍局限于水质目标考核,尚未充分体现"三水统筹"的流域管理新理念,对上游地区维护水生态、保障生态水量的激励不足,部分流域补偿基准较高,水质改善即将面临"天花板"。生态保护地区发展权益补偿力度较小,以公益林补偿标准为例,虽然长江经济带沿江省（市）逐年提高森林生态效益补偿标准，但这依旧无法补偿生态保护地区发展机会成本的损失，甚至连其生态服务供给的直接成本也无法足额补偿。

三是生态补偿资金管理机制需要进一步完善。补偿资金的使用范围比较有限，例如，上游地区为了确保跨界监测断面出水达到议定标准，需要从发展模式和路径上进行深度调整，其发展机会成本往往不在下游地区的补偿目标范围内，补偿资金仅能用于生态环境工程建设项目，且以污染防治类项目为主，不能用到绿色发展方面；中央财政湿地效益生态补偿仅针对国际重要湿地、国家级湿地保护区，无法满足很多亟须实施湿地保护补偿的地方开展相关工作。补偿资金管理与项目储备衔接不够，涉及长江流域的补偿奖励资金，需从项目储备库内择优选择，而部分地区由于工作基础较差，加之一些生态修复项目没有明确的建设程序和标准，项目成熟度难以满足入库要求等，库内项目储备不足，资金到位后不能及时分解实施。长江经济带沿江省（市）针对重点生态功能区、流域、森林、草原、湿地、水流生态补偿均有相关资金支持，但是补偿资金分散于各个部门之中，受管理体制的制约，部门之间统筹协调的难度较大，资金未得到有效整合，影响了使用的整体效果。

四是多元化的补偿方式尚未形成成熟模式。一方面，流域生态补偿形式较单一，主要采用资金形式，而产业扶持、技术援助、人才支持、就业培训等"造血型"补偿方式尚未得到广泛应用，受偿地区的可持续发展缺乏后劲。另一方面，已经开展的生态补偿实践中，政府主导的生态补偿模式占绝对主体地位，而政府引导、市场运作、社会参与的多元化生态补偿投融资机制尚未大规模建立。已建立的生态补偿机制中，绝大部分仍是政府作为参与主体。

7.4 政策建议

贯彻"绿水青山就是金山银山"理念和"山水林田湖草是生命共同体"的系统思想，以建立完善全流域、多元化、市场化、高水平、综合性、可持续的生态补偿长效机制为目标，梳理长江经济带生态环境问题清单并明确优先顺序，以问题为导向，建立全流域生态补偿机制，着重解决长江流域干支流水质污染严重和水资源需求矛盾突出的问题，建立基于生态功能的生态补偿机制，努力实现山水林田湖草的综合生态效益。同时，从与生态补偿相关联的环境经济政策入手，探索环境税费、绿色金融、环境价格、环境权益、环境市场等市场化、多元化补偿资金筹集与分配机制，构建市场化、多元化生态产品价值实现路径，形成以长江干支流为经脉、以山水林田湖草为有机整体，资金、技术、人才、产业、交流相结合的五位一体大补偿格局。

7.4.1 深入推进流域生态补偿机制建设

做好技术支撑研究，推动长江经济带生态保护修复奖励政策的延续和优化，发挥中央财政的引导作用，引导长江全流域各省（市、区）加快建立行政区域内与水生态环境质量挂钩的财政资金奖惩机制。随着流域上下游生态补偿机制的逐渐成熟，探索建立长江流域生态补偿基金，将流域上下游横向生态补偿资金、中央财政以及社会资本投入通过"资金池"集中使用。发挥政府资金撬动作用，吸引社会资本投入，形成以地方财政为主、中央财政给予激励、社会积极参与的"一纵+多横"的全流域生态补偿机制。

（1）建立生态补偿"资金池"

通过"资金池"的概念将左右岸、互为上下游等复杂问题简单化。长江经济带流域生态补偿虽然进展显著，形成了央地间、省市间多层级横纵结合的生态补偿机制，但实践中也反映出一些典型问题：长江上游支流众多，水系复杂，部分流域包含多个省份，各省经济条件、财政状况、上下游水功能区要求不一致，造成各省沟通协商困难，难以达成共识，需要国家指导和推动。已经实施的生态补偿以纵向转移支付为主，区域之间、流域上下游之间的横向补偿还相对较少，流域上下游间存在联动不足、流域共享机制建立不充分等问题。

因此，面对长江经济带流域生态补偿涉及省份多，左右岸、互为上下游等复杂问题突出，受益和保护的地区界定困难，上下游联动不足等问题，应弱化各地区上下游的权责关系，将各地区放在整个长江经济带的尺度来考虑，按照"谁污染贡献大，谁出资多""谁用水量大，谁出资多"的原则来核算某地区的生态补偿责任，按照"谁保护好，谁受偿多""谁节水多，谁受偿多"的原则来确定各地区的生态补偿权利，将长江经济带 11 个省市联动在一起，明确权责，形成合力。

（2）解决突出生态环境问题

以长江流域突出环境问题为导向，确定补偿内容。从水环境质量上看，长江经济带在经历了几十年的高速工业化进程后，已发展成为我国综合实力最强、战略支撑作用最大的区域之一，也是我国水环境问题最为突出的流域之一。虽然近年来长江经济带水环境质量有所改善，但产业结构同质化，风险高，重污染企业分布密集，污染排放总量大、强度高等突出问题仍然存在，而且短期内，这一总体趋势的冲量惯性还非常大。

从水资源状况上看，长江流域总用水量从 2006 年的 1 868 亿 m³ 迅速增加至 2016 年的 2 038.6 亿 m³。除三峡水库外，长江上游金沙江、雅砻江、岷江、沱江、嘉陵江、乌江六大支流水系共规划了近百个水电站，严重影响了长江部分河段水量，破坏了长江的生态系统。长江干支流大型水库以及引调水工程的建设和使用改变了流域水资源时空配置格局，使流域水资源优化配置和水量统一调度矛盾突出。

因此，长江经济带流域生态补偿应着重解决长江流域水质污染问题和水资源利用与保护矛盾的问题。但在实际操作中，长江经济带流域生态补偿资金核算主要有两种方法：一是根据河流断面水质目标考核结果判断补偿方向，根据考核断面特征污染物浓度超标倍数、区域内考核断面水质达标率、与上游来水或往年水质改善程度等因素确定补偿资金；二是根据流域污染物通量来计算补偿资金，还没有考虑水资源的因素。这与我国当前水环境质量目标管理的基调有关系，但是在长江经济带，水资源不合理开发利用是造成长江诸多生态环境问题的重要原因，应将水资源因素考虑进来，因此，我们建议根据各地区断面水质变化情况、污水处理基准成本、水资源量、用水量、财力水平等因素核算出资金额，根据各地区水质改善情况和节水量核算补偿金额。

（3）推动多元主体参与

通过政府、企业、社会的共同参与，有效拓宽长江经济带生态补偿资金来源。目前，长江经济带流域生态补偿资金以财政转移支付为主。虽然下游发达地区的政策性金融、绿色金融、PPP 模式、企业补偿等资金来源更加多样化，资金支持的市场化程度相对上游欠发达地区更高，但是还没有打破区域行政壁垒。因此，建议以长江经济带为整体，建立政府统筹、多层次、多渠道的生态补偿机制。

一是"资金池"不断扩容。除流域上下游横向生态补偿资金、长江经济带生态保护修复奖励资金等财政转移支付以外，积极推动和激励市场化资金的参与，完善绿色金融落地条件，建立受益企业付费补偿机制，可考虑对流域内受益企业、直接利用自然资源的产业（如白酒企业、矿泉水企业、发电站等）销售收入附加征收合理的费用。

二是深化资源环境交易机制。探索建立长江经济带生态保护地区排污权交易制度，在满足环境质量改善目标任务的基础上，企业可以通过淘汰落后和过剩产能、清洁生产、污染治理、技术改造升级等产生的污染物排放削减量，在流域内跨区域交易。由于长江经济带本身水资源时空分布不均，加上因长江经济带区域经济发展水平、建设水平差异导致的流域上中下游对水资源的利用效率不同，有必要建立明晰的水权配置和交易机制，实现水资源在水资源丰富区域与缺水地区之间、上中下游之间、左右岸之间有序流动和高效配置。

7.4.2 突出重点区域生态补偿机制建立

长江经济带生态功能重要区域与经济欠发达地区在地理分布上存在很强的耦合性，保护地区与经济欠发达地区高度重合。这些区域既发挥着"生态保障""资源储备"的功能，又承担着乡村振兴任务。长期以来，我国对这些地区的生态补偿政策以项目工程为主，巨额的财政转移支付资金为生态补偿提供了良好的基础，对生态保护地区损失的发展机会成本给予一定的补偿，但同时，这些政策具有明确时限，缺乏可持续性，给实施效果带来较大的风险。一旦输血停止，很容易造成"贫困—破坏—贫困"的恶性循环。

要解决长江经济带生态产品与生态供需的不匹配、上下游间积极性不匹配、资金需求与投入总额不匹配的问题，要以山水林田湖草系统保护为目标，与中央"一带一路"、长江经济带发展、乡村振兴、长江中游城市群和革命老区、少数民族地区、边疆地区、经济欠发达地区振兴发展等战略政策相结合,加大对各类财政政策的统筹力度,实行"一盘棋"式推进。同时,在弥补国家财政转移支付与当地生态补偿实际需求的缺口,补偿生态功能重要区域因产业转型带来的发展机会损失以及原有产业的劳动力溢出等方面,还要充分发挥财政政策的引导和杠杆作用,依托长江经济带、长江中游城市群等开放开发平台,促进中游、上游地区和下游地区资源双向流动,探索资金、技术、人才、产业、交流相结合的五位一体补偿模式,形成市场化、多元化补偿格局。

(1)加大中央财政的直接补偿力度

建议中央财政进一步加大对长江经济带中上游生态屏障区、重点生态功能区、生态保护红线区域等生态功能重要地区的转移支付,扩大重点生态功能区转移支付规模,调整完善分配办法,将生态保护红线面积的因素考虑进来,重点突出生态功能区面积、生态价值、生态修复需求、区域发展差异等指标的直接导向作用。

建议中央财政在计算分配均衡性转移支付时,增加生态环保相关因素的分配权重,加大对长江经济带特别是上游地区地方政府开展生态保护、污染治理、岸线修复等生态屏障建设带来的财政减收增支的财力补偿。

建议中央预算内投资对重点生态功能区内的基础设施和基本公共服务设施建设予以倾斜,中央交通建设资金提高对重点生态功能区的补助比例和标准。中央有关部委在森林资源培育、天然林停伐管护、湿地保护、防沙治沙、水土流失治理、石漠化治理等方面的专项资金安排上,向长江上游地区予以重点倾斜。

建议加大各级财政资金的整合力度。各级财政通过巩固上、中、下级资金的纵向整合以及统筹环境保护税留成、重点生态功能区转移支付资金、碳排放交易金等相关资金的横向融合,逐步形成数额稳定、渠道多元的生态补偿资金来源。

（2）深入探索市场化补偿方式

以市场化手段弥补国家财政转移支付与当地生态补偿实际需求的缺口。生态补偿的市场运作是指在执行生态补偿机制的过程中发挥市场的作用，使资源资本化、生态资本化，使环境要素的价格真正反映它们的稀缺程度。通过市场手段为生态补偿拓宽资金来源渠道，有效整合区域内环境资源，实现区域内政府、企业、个人对环保投入收益的公平性。这种补偿方式可分为3种类型：一是补偿方和受偿方协商直接交易，或者通过配额市场交易实现的资源环境交易机制，通过建立全流域统一的水权、排污权、碳排放权等交易市场，构建能反映各方主体利益需求的市场化价格交易平台，形成生态资源资产有偿使用制度；二是从生态产品供需的两端出发，通过绿色标识和绿色采购等方式建立生态产品价格形成机制，使保护者通过生态产品的市场交易获得生态保护效益的充分补偿；三是创新金融服务，充分利用金融机构的资金、智力、产品等优势，在区域合作的重大项目建设、合作规划编制、推进产业承接转移等方面发挥积极作用。探索流域生态信用评价体系，加大对实施生态扶贫的上游地区产业转移的金融支持力度，探索特许经营权和抵质押融资模式等途径。

（3）探索生态产品价值实现路径，补偿发展机会损失

长江经济带是一个整体性、关联性极强的地区，如果中游、上游的生态输出区和下游的生态消费区通过各地区生态品和工业品在空间上合理配置、实现整个地区经济增长与生态保护的均衡，就可以获取整体经济和生态的最大效益。因此，利益分享与协调是关键。其中，产业转型与转移是核心，技术、人才、交流是支撑。

目前，长江经济带在共建园区、飞地经济等方面做了很多探索，但

是还局限于长三角地区，更大尺度的做法还没有开展。实际上，长江经济带已经具备了建立区域内利益分享机制的条件，要素禀赋和优势产品具有互补性。中上游地区拥有丰富自然资源优势、劳动力优势，而这些正是下游地区工业发展的短板；下游地区拥有的创新、技术、人才、资本等高端要素优势正是上游产业转型升级的迫切需求。因此，应该积极总结推广利益分享经验，从土地利用、税收等利益分享的关键问题出发，按照长江经济带不同区域、不同类型生态系统的功能特征，系统谋划功能空间和策略，探索利益分享的新模式、新做法，创新区域合作形式，推动补偿方式从单纯的经济领域向社会领域全面展开，实行社保、教育、信用、就业等一系列对接政策。

7.4.3 市场化、多元化资金筹集渠道

足够的资金供给是长江经济带生态补偿机制建立和完善的必要条件，生态保护资金投入也是对生态补偿机制的重要补充。目前，中央政府已对长江经济带生态补偿与保护资金筹集提出了新思路、新要求，长江经济带 9 省 2 市应根据自身工作基础，推进完善资金筹集机制，积极改革财政资金投入和分配机制，整合各类型专项资金，提高资金使用效益。同时，探索通过环境与资源产权出让、推广新型绿色金融工具等方式，吸纳社会资金进入长江经济带生态补偿与保护领域。

（1）推动生态资源权益交易

全面推进排污权交易。以统一的排污权交易平台健全台账管理，现以排污许可证作为排污单位排污权交易的唯一凭证。建立健全排污权二级市场与储备机制，探索建立排污权回购与储备制度及相应储备机构。以重点区域和流域控制单元为基础探索跨区域、跨流域排污权交易。在减排空间较大、政策实施相对灵活的长三角等区域，探索开展典型污染

物排放权的公开交易。因地制宜开展基于控制子单元和非点源—点源排污权交易。

增加用能权、水权、碳排放权交易试点。基于水资源调查确权登记工作，以江西省、浙江省杭州市临安区水权交易实践为参考，积极探索水权交易机制，探索农业、工业、生活用水跨领域以及跨区域水权交易机制。以四川省、浙江省用能权交易试点工作为基础，鼓励工业较发达省市先行启动用能权有偿使用和交易机制。依托全国和各试点地区碳市场，进一步丰富碳金融产品，做好碳排放权交易试点市场与全国统一碳市场的衔接。

推动建立统一的自然资源资产交易平台和环境权益交易平台。依托各省的公共资源交易平台以及排污权、水权、碳排放权等交易平台，探索在各省（市）建立统一的自然资源资产交易平台和环境权益交易平台。在长江经济带层面上建立查询平台，针对长江经济带9省2市范围内的土地资源、水资源、矿产资源、森林资源、草原资源、海域海岛资源，用能权、碳排放权、排污权、水权交易建立查询系统，为探索长江经济带范围内的跨区域交易做好准备。

（2）探索通过绿色金融吸引社会资金作为补偿资金

2020年7月，我国生态环境领域第一支国家级投资基金——国家绿色发展基金成立。基金将重点聚焦长江经济带沿线的环境保护和污染防治、生态修复和国土空间绿化、能源资源节约利用、绿色交通、清洁能源等绿色发展领域。建议沿线各级生态环境部门充分发挥信息资源优势，做好项目储备，引导基金投入生态功能重要区域生态环境保护领域。完善绿色金融基础设施体系建设，探索制定绿色金融统计制度、绿色银行评级体系、绿色专营机构评价办法和绿色项目指引目录，搭建绿色金融信息共享平台，实现区域内绿色金融信息共享。以海绵城市建设、绿色工业园区建设、生态旅游项目等有明确收益的生态环境相关整体项目为重点，鼓励有条件的非金融企业和金融机构发行绿色债券。鼓励保险机构创新绿色保险产品，探索绿色保险参与生态保护补偿的途径。

7.4.4 生态产品价值实现路径

长江经济带受经纬度差异、海拔差距和海陆距离不同等因素的影响，其地势地貌类型多样，自然资源非常丰富，生态系统类型多样，生态区位极为重要，素有我国"绿色生态屏障"之称。长江流域森林覆盖率达41.3%，河湖、水库、湿地面积约占全国的 20%，珍稀濒危植物占全国总数的 39.7%，淡水鱼类占全国总数的 33%。不仅有中华鲟、江豚、扬子鳄和大熊猫、金丝猴等珍稀动物，还有银杉、水杉、珙桐等珍稀植物，物种资源十分丰富，但其空间分布差异性显著，大多集中在长江经济带上游地区，且这些地区与经济欠发达地区分布具有高度重叠性。应当协助这些地区将生物资源转化为生态产品，并构建生态产品价值实现机制，将其自然生态优势转化为社会经济优势，进而缩小地区间发展差距，以生态补偿助推长江经济带高质量发展、协同发展，建议采取以下具体措施：

（1）大力发展生态产业

树立长江经济带生态产业"一盘棋"思想，立足长江经济带各地区生态资源、社会经济发展和区位优势，从流域层面做好长江经济带生态产业顶层规划，优化生态产业布局，加快形成长江经济带生态产业体系，实现错位发展、协调发展。把创新驱动作为推动生态产业化发展的内生动力，建立长江经济带"生态产业智慧平台"，有效调度生态产品生产、加工和出口，实现长江上游地区生态农业、生态工业和生态旅游业的全方位协同发展。复制推广浙江竹产业发展模式，解决相似地区在农业生态产业发展中如何突破小产业发展模式的困惑。借鉴四川省、重庆市等地的生态产业基地建设经验，总结形成一套品牌树立的可操作化流程，以便在整个长江流域生态产业中推广。

（2）强化绿色标识认证

结合长江经济带的绿色标识实践探索，形成具有长江经济带显著特征标识的绿色认证体系，强化对无公害农产品、绿色食品、有机产品、森林生态产品以及绿色能源等全方位的绿色认证，并逐步与国际接轨，最终实现一类产品、一个标准、一个清单、一次认证、一个标识的体系整合目标。健全绿色标识法律法规和相关配套政策，通过法律法规规范绿色标识认证和转让程序，降低认证及转让使用权的垄断程度。建立绿色标识产品追溯制，对产品原料采集、加工到销售进行全流程的监管。

（3）持续推进绿色采购

推动建立长江经济带统一的采购交易机制，规范采购流程、竞价机制和采购标准，建立绿色采购清单发布机制，并搭建流域绿色采购交易平台，保障绿色采购交易的透明化和公开化。建议根据长江经济带内绿色标志认证情况，综合考量其产品本身绿色环保程度、产品产地生态环境保护状况和经济发展水平，以及与采购方采购能力的匹配度，确定优先采购的绿色产品名录。

（4）健全绿色利益分享机制

长江经济带流域上下游绿色利益分享模式，除资金外，还可以通过人才技术支援、共建园区等方式开展。长江下游地区经济比较发达，很多生态产业都已形成良好的发展模式，在与上游地区开展绿色利益分享时，可让这些生态产业管理人员开展技术援助，指导上游地区尽快形成生态产业经营发展模式。另外，下游一些污染低、科技含量高的产业，可以和上游地区以共建园区的方式开展项目扶持，以延长产业链的形式扩大绿色利益分享覆盖面。

7.4.5 明确实施责任主体

中央政府、沿江 11 省（市）政府、企业、社会组织、公众是长江经济带流域治理和生态保护的利益主体，要充分发挥政府引导作用，引导企业、社会组织和公众共同参与生态补偿工作。企业是市场经济的主体，也是生态环境的受益主体和污染主体，由企业承担污染治理和环境保护的主要责任，同时注重吸收社会组织和公众，构建多元化主体参与机制，在全社会形成生态补偿合力。

中央政府基于优化国土空间、强化主体功能区规划引领作用，通过中央财政转移支付、金融政策、税收政策、产业政策等形成的合力，支撑起对长江经济带生态保护的补偿。

地方政府在自身财力范围内，采取财政转移支付、对口帮扶、扶贫开发等方式，落实对上游的生态补偿责任。其中，财政转移支付是地方政府开展生态补偿的主要方式。省级政府在跨省生态补偿以及省内生态补偿中都发挥了主导作用，从跨省尺度上，新安江流域是全国首个跨省流域生态补偿机制建设试点，相关工作成果显著，赤水河、酉水、滁河、渌水等跨省流域生态补偿已经相继启动。从省内跨市尺度上，长江经济带沿江省（市）根据实际状况，尝试建立了不同尺度与类型的生态补偿机制，主要包括覆盖全省范围的纵向生态补偿转移支付机制、覆盖全省的流域水环境质量"双向补偿"机制、全省范围内的上下游横向生态补偿机制、省内重点流域基于水环境质量的生态补偿机制以及市域重点流域基于水环境质量的生态补偿机制。

环境保护是外部性极强的领域。在传统意义上，投资责任在地方政府，但现在地方政府财政吃紧，负债率高，PPP 项目开始严格限制政府付费类项目，多数地方存在 PPP 项目额度不足的问题，资金成为影响环境治理项目推进的最大问题。要充分发挥市场作用，发挥企业的智慧，让企业在实践中创新商业模式和回报机制，开创经济发展与环境保护良性互动的生态经济新模式。以三峡集团为例，在党中央、国务院赋予三峡集团在共抓长江大保护中发挥骨干主力作用之后，三峡集团与各省、市政府，各领域央企、国企、民企签署战略合作协议，多元合作共抓大保护。茅台集团连续 10 年累计出资 5 亿元，作为赤水河流域水污染防治生态补偿资金，用于赤水河保护事业，并探索了助学、产业等多种补偿方式。长江经济带各省（市）层面均探索了不同形式的全社会参与机制，主要有 PPP 模式、绿色信贷、环境污染责任险、绿色债券、生态环保发展基金等绿色金融模式，绿色采购、绿色供应链等绿色管理模式，排污权交易、水权交易、碳排放权交易、用能权交易等环境权益交易以及资源有偿使用模式。

8

"十四五"期间长江流域水生态环境保护

8.1 "十三五"时期长江保护修复工作取得的成效

8.1.1 水环境方面

一是流域水环境质量明显改善。2020 年，长江流域水质优良断面
（Ⅰ～Ⅲ类）比例为 96.7%，同比提高 3.4 个百分点，较 2016 年提高 14.4
个百分点。长江干流首次全线达到Ⅱ类水质，《长江保护修复攻坚战行
动计划》明确的 12 个劣Ⅴ类国控断面已实现了动态清零。

二是污染源治理成效显著。城镇生活污水处理效能明显增强，2019
年，长江经济带城市污水处理率达 96.8%，较 2014 年提高 2.8 个百分
点；截至 2020 年 9 月，地级及以上城市建成区 1 372 个黑臭水体消除比
例达 97%；省级及以上工业园区污水集中处理设施应建尽建，截至 2020
年 6 月，1 065 个应当建成污水集中处理设施的省级及以上工业园区中，
1 064 个园区已建成，完成率达 99.9%，共 1 101 家排污企业已实现在线
监测，并与生态环境部联网；截至 2020 年 10 月，排查存在问题的 281

家"三磷"（磷矿、磷化工企业、磷石膏库）企业（矿、库）均已完成整治。

三是强化入河排污口排查整治。摸清长江入河排污口底数，实地排查长江干流及 9 条主要支流岸线 2.4 万余 km，排查入河排污口 6 万余个，试点地区已基本完成长江入河排污口监测和溯源。

四是开展饮用水水源地综合整治。长江经济带乡镇级集中式水源地10 130 个（含已废弃的 100 个），完成保护区划定 8 390 个，划定比例83.6%；千吨万人以上水源地 5 383 个（含已废弃的 16 个），完成保护区划定 4 849 个，划定比例 90.3%。

8.1.2　水资源方面

一是强化生态流量保障。实施三峡等上中游控制性水库及洞庭湖、鄱阳湖支流水库联合调度，适当增加枯水期下泄流量，保障长江中下游河湖生态用水。以长江干流以及雅砻江、大渡河、岷江、涪江等 24 条主要支流 28 个控制断面的生态环境需水量和生态基流管理为抓手，通过实施一批河湖水系连通工程，有效增加了河道内生态用水。

二是小水电清理整顿成效显著。截至 2020 年，长江经济带需要关停退出的 3 123 座水电站中，已完成 2 800 多座；需要整改的 21 640 座电站中，已完成 13 536 座。

8.1.3　水生态方面

一是强化生态保护修复。分区分类推进岸线保护和利用。截至 2020年，已对 8311 km 干流岸线 5 700 多个项目开展全覆盖现场核查。核查发现的 2 441 个违法违规项目中，已完成整改 2 414 个，其中拆除取缔827 个，共腾退复绿岸线 158 km；沿江各省市开展湿地保护与恢复、退耕还湿、湿地生态效益补偿等工程项目，其中实施湿地保护与修复工程20个。

二是加快落实长江流域"十年禁渔"。截至 2020 年 10 月，长江流域重点水域共有建档立卡渔船 84 万余艘、渔民近 18 万人，已全部退捕上岸，船网处置同步完成。

三是加强珍稀濒危水生动物保护。人工繁殖规模取得连续突破，组织放流中华鲟 11 次，共计 7 万余尾；先后建立 4 个长江江豚迁地保护群体，迁地群体总量超过 100 头；探索重建长江鲟野外种群，已放归成体和亲本达 500 余尾，放归幼鱼超过 20 万尾；长江口中华绒螯蟹蟹苗资源量恢复到 50 t 左右规模，达到 20 世纪七八十年代时的最好状态。

四是严厉打击非法采砂行为。实施涉砂船舶分类监管，建立完善运砂船基础资料数据库，实施"黑名单"和连带责任追究制度，高压严惩涉砂船舶突出违法行为；加大对非法采砂违法犯罪打击力度，开展联合检查和打击非法采砂专项行动。

8.1.4 水风险方面

一是深化尾矿库排查整治。定期调度有关省市尾矿库污染防治进展情况，截至 2020 年年底，长江经济带 1 641 座尾矿库完成污染防治方案编制，1 431 座尾矿库完成污染治理。

二是推进船舶港口污染治理。长江经济带共建成船舶污染物接收设施 13 440 个，船舶垃圾、生活污水和含油污水接收设施均已实现港口全覆盖，建立了统一的船舶水污染联合监管与服务信息系统，覆盖全部 27 个干线港口和 15 个支线港口。

8.2 机遇与形势

对标 2035 年美丽中国建设目标,长江水生态环境保护存在不少突出问题和短板。"十四五"期间,需要结合深入打好污染防治攻坚战加以解决。

(1)水环境治理任务艰巨

湖北四湖总干渠、天门河、四川釜溪河、云南龙江川等部分河段水质尚不能稳定达标;太湖、巢湖、滇池等湖泊水体富营养化问题依然突出,长江口及其邻近海域赤潮频繁发生;部分地区发展方式比较粗放,城市建成区、工业园区以及港口码头等环境基础设施欠账较多,城市黑臭水体治理任务艰巨;氮磷上升为首要污染物,城乡面源污染防治"瓶颈"亟待突破。

(2)生态用水难以保障

近 10 年来,长江天然径流分布及水文情势发生了较为明显的变化,长江干流宜昌段年径流比多年平均减少 11%。长江上游共规划了近百个水电站,共分布水库 13 000 余座,水电站和水库隔断河道,显著改变了天然径流的分布,导致长江中下游水文情势发生新变化。洞庭湖、鄱阳湖湖泊面积减少了近四成,湖泊调蓄能力降低,江湖关系紧张。

(3)水生态破坏问题比较普遍

2016 年发布的《中国脊椎动物红色名录》显示,长江流域受威胁鱼类达 90 余种,其中极危 22 种、濒危 41 种、易危 32 种。21 世纪初,长江主要渔业水域捕捞产量下降至不足 10 万 t。长江干流岸线开发利用率为 35.9%,长江中下游岸线资源开发利用强度较高。水源涵养区空间过度开发,水源涵养功能严重受损。一些地方生产、生活方式粗放,河湖水域及其缓冲带水生植被退化,水生态系统严重失衡。

（4）水环境风险不容忽视

我国磷矿资源主要分布在贵州、云南、四川、湖北、湖南等省份，其磷矿石储量 135 亿 t，占全国的 76.7%；磷矿资源储量 28.7 亿 t，占全国的 90.4%，环境风险形势依然严峻。高环境风险工业企业密集分布，与饮用水水源犬牙交错，企业生产事故引发的突发环境事件居高不下。太湖、巢湖、滇池等重点湖泊蓝藻水华居高不下，成为社会关注的热点和治理难点。长江干流及主要支流危险化学品运输量持续攀升，航运交通事故引发的环境污染风险增加。

（5）治理体系和治理能力需进一步加强

水生态环境保护相关标准规范仍需进一步健全，流域环境管理体系需要进一步完善。经济政策、科技支撑、宣传教育、队伍和能力建设等还需进一步加强。

8.3 保护思路

"十四五"时期，长江经济带应贯彻落实习近平总书记关于长江经济带发展系列重要讲话精神，把修复长江生态环境摆在压倒性位置。以持续改善长江生态环境质量为核心，从生态系统整体性和流域系统性出发，加强生态环境综合治理、系统治理、源头治理；强化国土空间管控，统筹水环境、水生态、水资源、水安全，推进精准治污、科学治污、依法治污，推进长江上中下游、江河湖库、左右岸、干支流协同治理；强化河湖长制，加强大江大河和重要湖泊湿地生态保护治理，落实好长江"十年禁渔"的规定，改善长江生态环境和水域生态功能，提升生态系统质量和稳定性；构建综合治理新体系，谱写生态优先、绿色发展新篇章，确保一江清水绵延后世、惠泽人民。

8.3.1 明确长江流域不同区域保护治理重点

构建"一干、十支、六湖、四区、三群"的水生态环境保护空间布局。

"一干"：保障长江干流水质达到Ⅱ类；推进以三峡水库为核心的长江上中游水库群联合生态调度，保障下泄流量；结合"十年禁渔"，逐步恢复水生生物生境，恢复珍稀鱼类种群资源；加强重点城市江段水环境治理，优化沿江产业布局，强化工业园管理；推进港口码头及航运污染风险管控。

"十支"：雅砻江、岷江、沱江、赤水河、嘉陵江、乌江、汉江、湘江、沅江、赣江加强水工程水资源调度，保障泄放生态流量；推进岷江、乌江、沱江水系"三磷"治理；重点在岷江、沱江、乌江、嘉陵江等流域实施水系连通工程；加强支流小水电站清理整顿，保护和恢复上游珍稀鱼类资源，因地制宜开展鱼类恢复工作；推进城镇污水处理设施提标改造及管网改造；加快推进赤水河流域治理跨省协同长效机制；严格落实嘉陵江上游、汉江上游、湘江、沅江、赣江等流域尾矿库综合整治，推进湘江、沅江、赣江等流域遗留重金属污染问题的妥善处置。

"六湖"：重点控制滇池、洪湖、洞庭湖、鄱阳湖、巢湖和太湖水体富营养化，加强沿线截污管网及生态缓冲带建设，开展内源污染治理，强化农业面源及水产养殖污染防治，加强水生态保护与修复，优化水资源配置，推进水系连通，改善湖泊水生态环境系统。

"四区"：长江源区以水源涵养和生物多样性保护为重点，加强对高原河流、湖泊、沼泽等自然生境和水生态系统的保护修复；加强三峡库区及南水北调中线工程水源区城乡基础设施建设，提高污水处理厂和垃圾处理设施运行效率，加强农业面源污染治理，开展消落区保护与修复，推进生态缓冲带及湿地建设，进行水工程优化调度，保障河流生态流量；重点开展长江口水生态系统保护与修复，推进湿地恢复与建设、河湖生态建设、水生生物完整性恢复；推进港口码头及航运污染风险管控。

"三群"：提升成渝城市群、长江中游城市群、长三角城市群城镇污水厂处理能力及配套管网基础设施建设，推进入河排污口排查整治，实施城市面源污染控制，防止黑臭水体反弹；推进产业结构优化调整，以水定人、以水定产、以水定城；加强城市群企业风险监测与管控，完善跨区域突发性水污染事件应急联动工作机制和信息共享机制。

8.3.2 强化污染源治理，减少污染物排放

一是狠抓工业污染防治。优化产业结构布局，加快重污染企业搬迁改造或关闭退出，严禁污染产业、企业向长江中上游地区转移；全面实现工业废水达标排放，强化工业集聚区工业废水集中处理，完善工业园区污水集中治理设施及自动在线监控装置建设，到 2025 年年底，省级以上开发区中的工业园区（产业园区）完成集中整治和达标改造；巩固流域"三磷"排查整治专项行动成果，持续强化湖北、四川、贵州、云南、湖南、重庆等省（市）"三磷"综合整治，分类施策。

二是强化城镇污染治理。着重提高污水处理率低、污水超负荷运行地区的污水处理能力；加大城镇污水管网建设力度，推进城中村、老旧城区、城乡接合部污水管网建设，对年久失修、漏损严重、不合格的老旧污水管网、排水口、检查井进行维修改造；推进污泥稳定化、无害化和资源化处理处置设施建设。建立健全城镇垃圾收集转运及处理处置体系，推动生活垃圾分类。持续推进城镇建成区黑臭水体治理并建立长效管理机制，全面排查县级以上城镇建成区黑臭水体，制定整治方案。

三是防治农业农村污染。持续开展农村人居环境整治行动，采用污

染治理与资源利用相结合、工程措施与生态措施相结合、集中与分散相结合的建设模式和处理工艺，统筹农村污水处理设施布局；持续推进化肥、农药减量增效，引导和鼓励农民使用生物农药或高效、低毒、低残留农药，发展生态农业、绿色农业，鼓励建立节肥减药示范基地，推广增质提效实施经验；加大畜禽、水产养殖污染控制力度，强化长江、汉江、湘江、赣江、京杭运河等河道及太湖、巢湖、鄱阳湖、洞庭湖等湖泊周边畜禽禁养区管理。

四是加强移动源管控。积极治理船舶污染，加快淘汰不符合标准要求的高污染、高能耗、老旧落后船舶，推进现有不达标船舶升级改造；提高港口码头污水收集转运处理能力，加快港口码头岸电设施建设；开展非法码头整治，推进砂石集散中心建设。

五是推进流域入河排污口排查整治。重点推进工业企业排污口、城镇污水处理设施排污口及其他污水排放量较大、水质较差、环境影响较大排污口的整治，安装自动监控设施。推进入河排污口规范化建设，统一规范排污口设置，开展入河排污口设置审核工作。到 2025 年，基本完成规模以上入河排污口整治任务和规范化建设。

8.3.3 优化水资源配置，保障生态用水需求

一是切实保障生态流量。合理确定流域主要控制断面的生态流量（水位）底线，长江干流及主要支流主要控制节点生态基流占多年平均流量比例在 15%，其他河流生态基流占多年平均流量比例不低于 10%。加强流域水量统一调度和大中型水利水电工程生态水量泄放管理，针对"四大家鱼"产卵繁育等敏感期需水要求，落实生态调度。研究洞庭湖、鄱阳湖、巢湖等重要湖泊生态水位要求和保障措施。加快跨省江河流域水量分配方案的制定和落实。

二是实行水资源消耗总量和强度双控。严格用水总量指标管理，健全覆盖省、市、县三级行政区域的用水总量控制指标体系，加快完成跨省江河流域水量分配，严格取用水管控。严格用水强度指标管理，建立重点用水单位监控名录，对纳入取水许可管理的单位和其他用水大户实行计划用水管理。

三是推进重点领域节水。进一步完善区域再生水循环利用体系，促进解决长江口、平原河网等局部地区缺水问题，坚持节水优先，强化农业节水、工业节水、城市节水措施落地。到 2025 年，农田灌溉水有效利用系数达到 0.55 以上，公共供水管网漏损率控制在 8%以内。

四是严格控制小水电开发。严格控制长江干流及主要支流小水电、引水式水电开发，对现有小水电实施分类清理整顿，依法清退涉及自然保护区核心区或缓冲区、严重破坏生态环境的违法违规建设项目，并进行必要的生态修复。对保留的小水电项目加强监管，完善生态环境保护措施。

8.3.4 加强生态空间管控，维护生态系统健康

一是强化生态空间管控。以"三线一单"为手段，引导区域资源开发、产业布局和结构调整、城乡建设、重大项目选址。严格控制与长江生态保护无关的开发活动，积极腾退受侵占的高价值生态区域，大力保护修复沿河环湖湿地生态系统，提高水环境承载能力。

二是严守生态保护红线。建立和完善生态保护红线监管相关规范制度和标准体系，指导开展生态保护红线监管，确保生态保护红线面积不减少、功能不降低、性质不改变，守住自然生态安全边界。配合自然资源部推进生态保护红线评估调整，推动完成生态保护红线划定和勘界定标。建立生态保护红线监管平台。

三是实施生态保护修复。加大上游地区水土流失治理力度，大力实施封育保护。制定金沙江下游、赤水河流域、三峡库区、丹江口库区、汉江中下游、鄱阳湖、洞庭湖、长江口等重点区域生态保护修复专项规划，按照水源涵养、截污控源、生境修复、水系连通、生态调度、物种恢复等措施落实要求，推进上下游、跨区域、多部门协同治理，力争重点区域治理取得明显成效。

四是加强生物多样性维护。选择部分重点水体开展水生生物完整性评价。加强金沙江下游、嘉陵江、乌江、汉江流域梯级电站群的生态累积效应与减缓对策研究，全面落实重点涉水工程生态环保措施。逐步恢复长江中下游重点江湖水系的连通性，提升水体自净能力，打通水生动物洄游通道。持续开展长江"十年禁渔"成效评估，强化以中华鲟、长江鲟、江豚为代表的珍稀濒危物种保护工作，加快土著鱼类的种群恢复工作，实施鱼类产卵场、索饵场、越冬场和洄游通道等关键生境的保护修复。

五是强化岸线管理。推动河湖岸线的生态修复，在重点城市江段的排污口下游、主要入河（湖）口等区域建设生态缓冲带，消减污染负荷，降低营养盐水平，促进生态系统自我恢复。

8.3.5 强化突发事件应对，有效防范环境风险

一是严格保护水源地。着力解决县级及以上水源地不达标问题以及农村水源地保护薄弱问题，推进县级以上水源地规范化建设。继续以千吨万人水源地为重点，大力推进"划、立、治"整改工作和农村饮水安全工程巩固提升工作，确保广大人民群众喝上放心水。

二是强化环境风险源头防控。推进土壤污染风险管控和修复，以化工污染整治等专项行动遗留地块为重点，加强腾退土地污染风险管控和

治理修复，保障建设用地土壤环境安全。强化土壤污染源头防控，以江西、湖北、湖南、四川、贵州、云南等铅、锌、铜采选、冶炼等产业集中地区为重点，持续推进耕地周边涉镉等重金属行业企业排查整治。持续开展化学物质环境风险评估，重视新污染物治理，推动化学物质环境风险管控。持续推进涉重行业企业全口径排查，加强重点地区重点行业重金属污染治理。建立尾矿库分级分类环境监管制度。强化丹江口水库及上游历史遗留矿山污染整治，推动嘉陵江上游尾矿库污染治理。

三是强化监测和应急能力建设。构建并完善水质自动监测网，推进水质监测质控和应急平台（一期）建设。选取重点水域开展污染物通量、生物毒性监测试点。强化排污单位自动监控，提升非现场监管执法效能。加强水生态监测，组织开展长江流域水生态调查监测，监测水质理化指标、水生生物指标和物理生境指标等，掌握长江流域水生态状况及变化趋势。开展生物多样性调查观测评估，优化和完善监测网络，建立监管信息系统，及时掌握生物多样性动态变化趋势。

区域篇

长江经济带生态环境保护修复进展报告 2020

9

长三角地区生态环境保护

9.1 区域概况

　　长三角地区是长江入海之前的冲积平原，是我国第一大经济区，处于东亚地理中心和西太平洋的东亚航线要冲，是"一带一路"与长江经济带的重要交汇地带，在国家现代化建设大局和全方位开放格局中具有举足轻重的战略地位。长三角地区是中央政府定位的中国综合实力最强的经济中心、亚太地区重要国际门户、全球重要的先进制造业基地、中国率先跻身世界级城市群的地区。

　　长三角地区包括江苏省、浙江省、安徽省、上海市，区域面积 35.8 万 km^2。长三角地区是我国河网密度最高的地区，平均每平方公里河网长度达 4.8～6.7 km，平原上的水系主要有江苏的太湖、洪泽湖、高邮湖、骆马湖、邵伯湖和浙江的杭州西湖、绍兴东湖、嘉兴南湖、鄞县东钱湖等著名湖泊；除淮河、长江、钱塘江、京杭大运河等重要河流之外，还有江苏的秦淮河、苏北灌溉总渠、新沭河、通扬运河，浙江的瓯江、灵江、苕溪、南江、飞云江、鳌江、曹娥江等水系。

长三角地区主要为亚热带季风气候。年均气温、年均最高和最低气温都显著增加,增温率都是冬季和春季较高,夏季最低。大城市站增温率明显高于小城镇和中等城市站,城市化效应对大城市气温起到增温作用,其中对平均最低气温的增温率及贡献率最大,对平均最高气温的增温率及贡献率最小。长三角地区气温变化趋势和增温率、城市化效应的增温率及增温贡献率与其他地区基本保持一致。

长三角地区矿产资源主要分布于江苏、浙江两省,其中江苏的矿产资源相对丰富,有煤炭、石油、天然气等能源矿产和大量的非金属矿产,另有一定数量的金属矿产。浙江省的矿产资源以非金属矿产为主,多用于建筑材料的生产等。上海矿产资源相当贫乏,基本无一次常规能源,所需的能源都要靠其他省(市)支援。但是,上海市具有一定数量和较高质量的二次能源,产品主要是电力、石油油品、焦煤和煤气(包括液化石油气)。其他可以利用开发的能源还有沼气、风能、潮汐能及太阳能。

9.2 区域生态环境基础

9.2.1 区域空气质量总体基本达标

2020 年,长三角地区 41 个城市优良天数比例平均为 85.2%,同比上升 8.7 个百分点。平均超标天数比例为 14.8%。其中,轻度污染比例为 12.3%,中度污染比例为 2.0%,重度污染比例为 0.5%,无严重污染。以 O_3、$PM_{2.5}$、PM_{10} 和 NO_2 为首要污染物的超标天数分别占总超标天数的 50.7%、45.1%、2.9% 和 1.4%,无以 SO_2 和 CO 为首要污染物的超标天数[1]。长三角地区 6 项主要污染物浓度均达标,且同比均大幅下降(图 9-1)。长三角地区 $PM_{2.5}$ 平均浓度为 35 $\mu g/m^3$,同比下降 14.6%;O_3

---

① 2020 中国生态环境状况公报。

日最大 8 小时滑动平均值第 90 百分位数浓度为 152 μg/m³，同比下降 7.3%；PM$_{10}$、NO$_2$、SO$_2$ 平均浓度分别为 56 μg/m³、29 μg/m³、7 μg/m³，分别同比下降 13.8%、9.4%、22.2%；CO 第 95 百分位数浓度为 1.1 mg/m³，同比下降 8.3%（图 9-1）。特别值得指出的是，2016 年年底，长三角地区 PM$_{2.5}$ 平均浓度为 46 μg/m³，比 2013 年下降了 34.3%，提前完成了 2017 年《大气污染防治行动计划》目标。

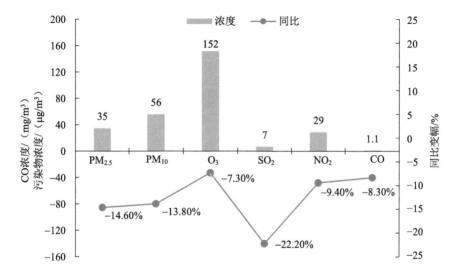

图 9-1　2020 年长三角地区主要污染物浓度及同比情况

从省级层面来看，浙江省、上海市、江苏省和安徽省优良天数比例分别为 93.3%、87.2%、81.0% 和 82.9%。其中，安徽省空气质量优良天数比例升幅居全国第三位；浙江省和上海市 PM$_{2.5}$ 平均浓度分别为 25 μg/m³ 和 35 μg/m³，均达到国家空气质量二级标准，同比分别下降 8.6 个百分点和 19.4 个百分点；江苏省和安徽省 PM$_{2.5}$ 平均浓度分别为 38 μg/m³ 和 39 μg/m³，同比分别下降 11.6 个百分点和 15.2 个百分点。三省一市优良天数比例和 PM$_{2.5}$ 浓度均达到国家年度考核目标要求（图 9-2）。

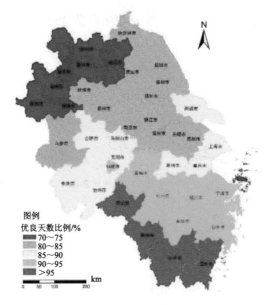

（a）优良天数比例分级

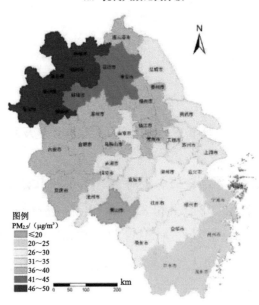

（b）PM$_{2.5}$年均浓度分布

图 9-2　2020 年优良天数比例分级与 PM$_{2.5}$年均浓度分布

从城市层面来看，以环境空气质量指数（AQI）统计，长三角地区环境空气质量优良率 90% 以上的城市有 12 个，主要分布在安徽省东南部地区、浙东沿海和浙南浙西山区；优良率 80%～90% 的城市有 22 个，主要分布在长三角中部地区；优良率 80% 以下的城市有 7 个，主要分布在苏北地区和皖北地区。其中，江苏省徐州市和安徽省阜阳市超标 40% 以上。长三角地区大气污染整体呈北"重"南"轻"的趋势。

9.2.2 水环境质量稳中向好

2020 年，长三角地区地表水国控断面中，水质为III类及以上占 85.0%，比 2015 年提高近 20.9 个百分点；劣V类断面比例下降明显，2020 年实现消除劣V类断面，比 2015 年下降近 6.6 个百分点。22 个跨省界河流断面水质良好，III类及以上断面占 72.7%。重点水体中，长江干流、新安江—千岛湖、太浦河水质总体优良，京杭运河整体水质呈现逐年向好态势。太湖水质改善明显，水环境质量持续好转，太湖治理连续 13 年实现"两个确保"。与发生太湖蓝藻事件的 2007 年相比，2020 年湖体水质由劣V类提升到IV类，高锰酸盐指数和氨氮平均浓度分别处于II类和I类；总磷、总氮平均浓度均处于IV类。

9.2.3 区域近岸海域污染严重

江苏和浙江近岸海域水质差，上海近岸海域水质极差。与 2019 年相比，2020 年江苏省近岸海域 95 个国控水质监测点位中，优良（一、二类）面积比例下降 36.8 个百分点，劣四类面积比例上升 6.2 个百分点。上海市 39 个海洋环境质量监测点位中，符合海水水质标准第一类和第二类的监测点位占 15.2%，符合第三类和第四类的监测点位占 15.2%，劣于第四类的监测点位占 69.6%。浙江省一、二类海水面积占比上升 11.4

百分点，三类海水面积占比上升 2.4 个百分点，四类海水面积占比上升 0.3 个百分点，劣四类海水面积占比下降 14.1 个百分点。重要河口海湾中，杭州湾、长江口水质为全国最差，从 2001 年起，杭州湾水域全为四类以下水质，长江口海域四类以下水体占比居高不下。主要超标因子为无机氮和活性磷酸盐。

2020 年长三角地区近岸海域富营养化状态分布见图 9-3。

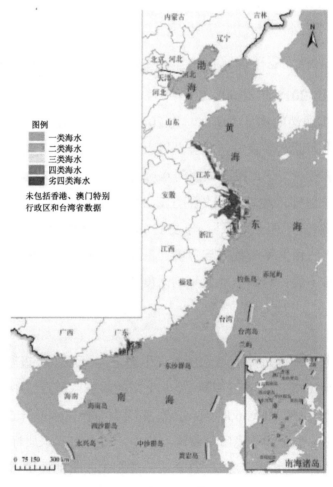

图 9-3　2020 年长三角地区近岸海域富营养化状态分布

114

9.2.4 生态环境质量整体稳定

近年来，长三角地区生态系统格局总体保持稳定，林地、草地和水域面积无明显变化。2010 年以来，在高强度的人类活动作用下，上海生态系统空间结构变化迅速。城镇生态系统先是快速扩张，2015 年后又明显减缓，"十三五"期间占比甚至有所下降；农田生态系统先是被大量侵占，分布趋向破碎化，面积在缩小，占比快速下降，但 2015 年后这一趋势得到遏制，"十三五"期间面积仅轻微减少；湿地生态系统先是有所萎缩，但是 2015 年后面积和占比均明显增长；林地生态系统相对稳定，保持稳步增长态势。从生态环境状况指数（EI）来看，2020 年，长三角地区生态环境处于优良状态，与往年相比，总体无明显变化。2019 年，上海市、江苏省、安徽省生态环境状况等级为良好，浙江省为优。其中，皖南、皖西、浙西、浙南地区森林覆盖率高，植被类型丰富，污染物排放量少，EI 值较高。

9.3 机遇与形势

9.3.1 重要机遇

党中央、国务院高度重视生态环境保护。党的十八大以来，习近平总书记走到哪里，就把对生态环境保护的关切和叮嘱讲到哪里，深刻回答了为什么建设生态文明、建设什么样的生态文明、怎样建设生态文明等重大理论和实践问题，形成了系统的习近平生态文明思想，有力指导了我国生态文明建设，生态环境保护取得历史性成就、发生历史性变革。习近平生态文明思想是习近平新时代中国特色社会主义思想的重要组成部分，既是重要的价值观，又是重要的方法论，为生态文明建设和生态环境保护提供了强大的思想保障和根本遵循，为长三角地区推动生态环境步入良性循环轨道提供了明确的方向和强有力的保障。

三省一市党委、政府高度重视生态文明建设，围绕加快构建以国内大循环为主体、国内国际双循环相互促进的新发展格局，将生态文明建设作为长期推进的总方略，着力推进经济社会全面绿色转型，有利于从源头上加快生态环境质量改善。加快推进崇明生态岛建设，践行"绿水青山就是金山银山"的理念，推广实施"千村示范、万村整治""五水共治"、新安江生态补偿、太湖治理、巢湖治理、"263工程"等模式经验，有利于形成生态文明建设的浓厚氛围、有效机制和典型模式。

长三角地区更高质量一体化发展有利于生态环境保护。实施长三角地区一体化发展战略，是以习近平同志为核心的党中央做出的重大决策部署，是习近平总书记亲自谋划、亲自部署、亲自推动的重大战略举措。将长三角地区一体化发展上升为国家战略，高质量发展将提速，四大结构调整将深入推进，高环境压力下产业产能将持续下行。新技术、新产品的出现和应用将为生态环境保护提供有力支撑和思路创新，在深层次降低生态环境压力方面发挥根本性作用。

9.3.2 形势挑战

9.3.2.1 结构性压力尚未根本缓解

产业结构偏重。2019年，区域规模以上工业企业达11.83万家，重工业企业占比达60%以上。长三角地区1/5的工业产值来自石化化工行业，建有80多个化工园区或集中区。这些行业主要分布在江苏沿江8市、沿杭州湾5市，以及苏北南通、盐城、连云港的沿海地区，对区域

VOCs、臭氧污染等治理带来巨大压力[①]。上海市的石化、钢铁行业总产值占全市工业总产值的 13%左右，而总能耗占规模以上企业能耗比重达到 70%，两大行业 SO_2、NO_x 排放量分别占到全市工业领域总排放量的 55%和 72%。江苏省火电、钢铁和水泥生产规模均居全国前三，煤炭、化学纤维分别占全国的 60%、30%以上。浙江省纺织印染和造纸产量分别位居全国第一、第三，增加值分别占全省规模以上工业增加值的 8.4%、1.9%，但废水排放量却占重点工业源的 41.3%、16.6%。安徽省产业结构仍以第二产业为主，六大高耗能行业增加值占规模以上工业增加值的 30%左右，但能耗水平占规模以上工业综合能耗的 89.1%，高于全国平均水平 15 个百分点，且连年增长。

能源结构偏煤。2019 年，长三角地区煤炭消费总量约 5 亿 t，每平方千米煤炭消费量 1 741.65 t，为全国平均水平的 6 倍。上海市近 4 500 万 t 煤炭消费量全部集中用于发电、钢铁和化工等 7 家企业。江苏省单位国土面积煤耗是全国的 6.5 倍，158 个工业园区煤炭消费比重高达 77%，天然气消费比重仅为 12%。安徽省 2020 年煤炭消费总量较 2015 年增长 6.5%左右，"十三五"期间，全省煤炭消费总量不降反升。

交通运输结构不合理且调整进展明显滞后。长三角地区港口吞吐量位于世界前列，各省市货运量均位列全国前十，区域铁路货运量占比不足 3%，但主要依靠柴油动力运输，柴油消耗量是全国平均水平的 5 倍。2019 年的区域铁路货运量比 2017 年降低 0.26%，其中安徽省下降 10.6%，上海市下降 0.2%。铁路货运总量不升反降，与京津冀（同比增长 26.2%）相比存在较大差距。此外，京津冀及周边地区 7 省市正在推进淘汰国三及以下营运柴油货车 100 万辆，目标是实现国三及以下柴油货车基本清

---

① 李小敏. 加强生态环境保护，促进长三角地区更高质量一体化发展[EB/OL]. (2018-09-14). https://www.sohu.com/a/253773988_100253551.

零，而长三角地区尚未制定相关目标。长三角地区运输结构调整工作滞后，是其 NO_2、O_3 浓度明显偏高的重要原因，需要重点关注。

应对气候变化面临新的挑战。长三角部分省份实现碳达峰、碳中和目标任务异常艰巨。以安徽省为例，全省产业结构和能源结构高碳特征明显，第二产业仍处于主导地位，资源型工业发展对能源碳排放的依赖程度较高，经济增长与碳排放的脱钩难度很大；城市基础设施和产业发展对高碳排放产品（如钢铁、水泥、玻璃等）需求旺盛，以煤炭为主的能源资源短期内难以发生根本性变化。

9.3.2.2 区域性生态环境质量改善效果不稳固

空气质量复合型污染加剧。区域 $PM_{2.5}$ 浓度高值地区前 10 位的城市为宿迁市、铜陵市、滁州市、宿州市、蚌埠市、阜阳市、淮南市、亳州市、淮北市、徐州市，主要分布在苏北、皖北地区，空间分布特征主要与各地区经济发展水平、产业结构、人口密度、地形地貌和气候条件相关。超标污染主要发生在秋冬季。同时，在其他 5 项大气污染物浓度逐年下降的形势下，O_3 浓度波动上升，其污染问题凸显。区域 O_3 超标污染日渐频繁，以 O_3 为首要污染物的天数也明显增加，以 O_3 为首要污染物的天数占比已超过以 $PM_{2.5}$ 为首要污染物的天数占比。

水环境持续向好的基础仍不稳固，水环境与饮用水生态安全问题仍然突出。部分河道生态流量不足，岸线硬质化、水下"荒漠化"现象较为普遍，水体自净能力较差，水生态系统仍较脆弱。部分老城区、城乡接合部、城中村的污水纳管不到位，污水收集管网最后 100 m 的问题尚未有效解决。部分城区还存在污水管网破损、串管、雨污分流不彻底等问题。农村生活污水处理长效运维体系仍需进一步完善。湖库受到富营养化威胁。根据三省一市环境状况公报，由于历史欠账，平原河网水污染形势严峻，主要湖库水质以Ⅳ类、Ⅴ类水为主，湖泊富营养化问题突出，水体黑臭问题尚未根本解决。杭州湾海域、长江口外海域水质较差，劣四类水体占比居高不下。上海、苏锡常地区、杭嘉湖地区，因过去很长一段时间的地下水超采，形成大面积地下水位降落漏斗。

部分区域土壤污染问题突出，工业废弃地污染较为严重。电镀、工矿、冶炼、电子、医药和油漆等大量的工业企业遗留场地环境安全隐患依旧存在，城市土地更新较快造成风险管控难度加大。根据全国污染地块信息系统，浙江省有污染地块共 136 块，地块个数在全国排名第二，约占全国 1/10。农田受工业企业和农用投入品的污染叠加影响，在设施农业高强度生产条件下，农药、重金属、抗生素等污染问题逐渐凸显。

区域固废污染事件频发，缺乏区域协调处理机制。长三角地区经济发达、人口密度大、生活水平高，固体废物和危险废物产生量大。近三年，上海市垃圾产生量平均增速接近 7%，是我国垃圾产生量最大的城市。而近几年，江苏省工业固体废物产生量已超过浙江省、上海市，呈大幅增长态势，年均增长 10.43%。由于长三角地区城市用地紧缺，严重影响固体废物处理、回收利用基础设施的建设，很多城市固体废物处理设施处于满负荷或超负荷运转状态，固体废物处置情况不容乐观。例如，上海市生活垃圾、危险废物、医疗废物、一般工业固废等仍将持续增长，既有设施能力不足。固废、危废非法转移倾倒现象长期存在。2016 年 7月，2 万 t 上海垃圾转移倾倒苏州太湖；2017 年 10 月，长江安徽铜陵段被转移倾倒 2 525.89 t 工业污泥；2018 年 4 月，江苏省查实盐城市滨海县化工园区尚莱特医药化工、三甬药业化学、永太科技、中正生化、世宏化工等 5 家化工企业以托运园区生活垃圾为名，非法倾倒并填埋近400 t 化工废料；2018 年 4 月 18 日，安徽省芜湖市再现 4 000 t 工业垃圾沿长江跨省非法倾倒的案件。

生态系统结构和功能退化问题突出。受多年工业化、城市化、工程建设及不合理资源开发活动的影响，生态系统格局变化剧烈，较大面积的耕地、湿地和草地被城市化建设占用，沿江两岸城市周边区域植被覆盖度呈显著下降趋势。1990—2015 年，长三角地区建设用地增幅达87.8%，林地、草占比分别减少 0.8%、2.7%。例如，江苏省盐城市 20 年间滨海湿地面积减少了 1 211.2 km²，大丰麋鹿国家级自然保护区、盐城国家级珍禽自然保护区周边滨海自然湿地逐步被开发利用，保护区核心区逐步被孤岛化。水源涵养林原生植被和湖荡湿地面积锐减，水生植物衰退，河湖滨岸带生态系统结构和功能受到严重破坏，河湖水系连通受阻，污染物拦截与净化能力下降，严重影响水生态功能与水环境质量。

区域性、布局性问题突出，饮用水安全面临挑战。长三角地区主要河流兼具城市供水、纳污、航运、排涝等诸多功能，城市供水取水口与排污口犬牙交错，干流航运危险品泄漏污染水源事件时有发生，饮用水安全风险仍将长期存在。长三角地区是我国石化产业最强的区域之一，长江沿线现有各类化工园片区 38 个、涉重生产片区 14 个，还有一批化工园区正在建设和规划中，其中又以江苏省苏南一带发达地区最多，对饮用水水源地造成极大的安全风险。长三角地区突发环境事件数量在过去十多年里呈现明显下降趋势，但是事件总数依然偏高，在全国的占比从 2015 年的 2.92%提高到 2017 年的 7.95%。从省级层面来看，2005—2017 年，上海市发生的突发环境事件次数最少，安徽省次之，浙江省和江苏省发生次数相对较多。

9.3.2.3　治理体系与治理能力亟待改进和提高

跨区域协调机制尚不健全。长三角地区虽然总体上构建了分工明确、协作顺畅的联合治污机制，但距离"横向到边、纵向到底、环环相扣、无缝对接"的要求还有一定差距。长三角地区省与省之间、城市与城市之间、流域上下游左右岸、陆域和海域生态环境统筹保护还需加强。生态环境保护法规标准不衔接,信息交流共享不通畅,区域发展差异明显。碳达峰、碳中和、饮用水水源保护、垃圾处理、危险废物处理、环境风险防控、机动车与船舶污染控制、海洋污染防控等环境问题呼唤新的区域合作机制和治理模式。

生态环境相关法律标准不统一。长三角地区生态环境相关法律分属不同省市、不同部门,相互之间缺乏协同,规划之间存在诸多重叠、冲突和矛盾,这也导致各省市推进生态环境建设中任务行动的差异。同时,各地在法规、规章及执法依据、执法程序、执法规范等方面存在不统一现象,地区环境准入标准也存在差异,环境政策洼地现象依然存在。

生态环境治理能力亟待提高。生态环境治理投入渠道单一,以政府投入为主,三省一市城市环境基础设施政府投资占社会投资比例,2015 年、2016 年、2017 年分别为 53.9%、54.1%、60.8%,呈逐年上升趋势,但综合运用排污权交易、绿色信贷、资源有偿使用等市场手段还不充分,市场化投融资机制有待进一步完善。生态环境监管基础与生态环境监管的重大需求不匹配,管理的科学化、精细化、信息化水平亟待提高。

9.4 政策建议

9.4.1 共推绿色低碳发展

强化产业发展空间管控。加强三省一市"三线一单"(生态保护红线、环境质量底线、资源利用上线和生态环境准入清单)边界地区管控单元及管控要求衔接,统筹构建长三角地区生态环境分区管控体系。加强"三线一单"在环境准入、园区管理、环境执法等方面的应用,合理布局工业集聚区,明确各自主导产业,构建聚焦主业、错位竞争、分布集中的产业发展格局。

强化沿江沿海绿色发展,加强沿河环湖生态经济带建设,加快苏北、皖北地区绿色转型,促进浙西南、皖南、皖西地区特色绿色产业发展。打造绿色化、循环化产业体系,推进长三角中心区钢铁、石化、有色金属、建材、船舶、纺织印染、酿造等传统产业绿色转型,依法淘汰落后产能,加强"散乱污"企业整治。统筹上海、南京、连云港、宁波、舟山5市炼油石化产业发展规模,优化上海沿杭州湾石化产业结构,加快推进中心区27个城市钢铁、水泥、化工、焦化等行业落后产能淘汰。深化长三角"互联网+"环保合作平台建设,建设一批跨区域绿色产业园,发展壮大节能环保装备制造等产业。强化能源消费总量和强度"双控",进一步优化能源结构。合力控制煤炭消费总量,实施煤炭减量替代,推进煤炭清洁高效利用,提高区域清洁能源在终端能源消费中的比例。

推动制定二氧化碳排放达峰目标与行动方案。鼓励上海、南京、杭州、合肥等低碳试点城市采取积极有效措施,控制温室气体排放,率先实现达峰。探索开展行业二氧化碳排放总量管理,推动火电、水泥、钢铁等行业和交通、建筑等领域强化温室气体排放控制,力争火电、水泥、钢铁等行业尽早达峰。加强应对气候变化体制机制创新,推进长三角地区生态绿色一体化发展示范区碳达峰、碳中和。

践行绿色低碳生活。各地政府加大宣传力度,要积极组织开展节约型机关、绿色家庭、绿色学校、绿色社区、绿色出行、绿色商场、绿色建筑等创建活动。推进全民绿色生活、绿色消费,引导全社会从少浪费一粒粮食和一口饭菜做起,坚决制止餐饮浪费行为,积极践行"光盘行动"。鼓励推广碳中和会议模式。

9.4.2 共保自然生态系统

夯实"两屏两廊"的生态安全格局。基于长三角地区陆海统筹发展、长江经济带"共抓大保护，不搞大开发"等国家战略与区域发展需求，综合长三角重要生态功能区、自然保护区、自然公园、重要生态源地和生态廊道的空间分布，综合生态系统服务重要性等级、生态斑块的集中连片程度，加快长江生态廊道、淮河—洪泽湖生态廊道建设，共筑以皖西大别山区和皖南—浙西—浙南山区为重点的绿色生态屏障，构建"两屏两廊"的生态安全格局，夯实区域生态安全。

加强各类自然保护地建设。加强自然保护区、风景名胜区、重要水源地、森林公园、重要湿地等其他生态空间保护力度，提升浙江开化钱江源国家公园建设水平，建立以国家公园为主体的自然保护地体系。共同保护重要生态系统，强化省际统筹，加强森林、河湖、湿地等重要生态系统保护，提升生态系统功能。

加强区域生物多样性保护。以生态保护红线区域为重点，开展生物多样性综合调查，摸清家底，评估保护状况，建立物种本底资源编目数据库。整合长三角地区现有的野外生态环境监测平台与定位观测站，建立布局合理、功能完善的长三角生物多样性监测观测网络体系，对珍稀濒危物种、特有物种、重要经济价值物种的种群结构特征、受胁因素等进行系统性的长期监测。建立科学评估、快速反应、持续监控、有效治理的外来入侵物种监测预警和防控体系。加强近岸海域赤潮的监测和预警，减轻赤潮灾害。探索跨区域生物多样性协同保护机制，建立跨区域省、市、县、乡多级联动机制，深化区域生物多样性保护协同监管，建立区域生物多样性联保联管机制和预警应急体系。完善区域生物多样性保护的管理制度，优化地方政府考核方式，将生物多样性保护管理成效纳入政绩考核体系，建立区域绿色发展绩效评价指标和考核办法。

实施山水林田湖海系统保护修复。加强天然林保护，建设沿海、长江、淮河、京杭大运河、太湖等江河湖岸防护林体系，实施黄河故道造林绿化工程，建设高标准农田林网，开展丘陵岗地森林植被恢复。实施湿地修复治理工程，恢复湿地景观，完善湿地生态功能。推动流域生态系统治理，强化长江、淮河、太湖、新安江、巢湖等森林资源保护，实施重要水源地保护工程、水土保持生态清洁型小流域治理工程、长江流域露天矿山和尾矿库复绿工程、淮河行蓄洪区安全建设工程、两淮矿区塌陷区治理工程。

9.4.3 共治跨界环境污染

联合开展大气污染综合防治。强化能源消费总量和强度"双控"，进一步优化能源结构，依法淘汰落后产能，推动大气主要污染物排放总量持续下降，切实改善区域空气质量。合力控制煤炭消费总量，实施煤炭减量替代，推进煤炭清洁高效利用，提高区域清洁能源在终端能源消费中的比例。联合制定控制高耗能、高排放行业标准，基本完成钢铁、水泥行业和燃煤锅炉超低排放改造，打造绿色化、循环化产业体系。共同实施 $PM_{2.5}$ 和臭氧浓度"双控双减"，建立固定源、移动源、面源精细化排放清单管理制度，联合制定区域重点污染物控制目标。加强涉气"散乱污"和"低小散"企业整治，加快淘汰老旧车辆，实施国Ⅵ排放标准和相应油品标准。

推动跨界水体环境治理。扎实推进水污染防治、水生态修复、水资源保护，促进跨界水体水质明显改善。继续实施太湖流域水环境综合治理。共同推进长江、新安江—千岛湖、京杭大运河、太湖、巢湖、太浦河、淀山湖等重点跨界水体联保治理，开展废水循环利用和污染物集中处理，建立长江、淮河等干流跨省联防联控机制，全面加强水污染治理协作。加强港口船舶污染物接收、转运及处置设施的统筹规划建设。持续加强长江口、杭州湾等蓝色海湾整治和重点饮用水水源地、重点流域水资源、农业灌溉用水保护，严格控制陆域入海污染。严格保护和合理利用地下水，加强地下水降落漏斗治理。

加强土壤与固废危废污染联防联治。协同推进三省一市土壤污染防治地方立法工作。规范土壤污染重点监管单位管理，落实有毒有害物质排放报告、土壤污染隐患排查、土壤和地下水自行监测等法定要求。实施农田"断源行动"，强化涉镉等重金属行业企业整治，持续推进重金属减排。开展农用地土壤污染分类管控，实施建设用地风险管控和修复。统一固废危废防治标准，建立联防联治机制，提高无害化处置和综合利用水平。推动固体废物区域转移合作，完善危险废物产生申报、安全储存、转移处置的一体化标准和管理制度，严格防范工业企业搬迁关停中的二次污染和次生环境风险。统筹规划建设固体废物资源回收基地和危险废物资源处置中心，探索建立跨区域固废危废处置补偿机制。全面运行危险废物转移电子联单，建立健全固体废物信息化监管体系。严厉打击危险废物非法跨界转移、倾倒等违法犯罪活动。

9.4.4 推动生态环境协同监管

加快完善长三角地区生态环境保护协作机制。2021 年，长三角地区生态环境保护协作小组经国务院批准成立。要结合实施新一轮长三角地区一体化发展三年行动计划，把长三角地区生态环境保护工作抓深抓细抓实，共同落实好事关全局和长远的重大任务，持续打好污染防治攻坚战。依托协作机制，加强制度创新，积极探索降碳领域协作，推动长三角地区生态环境保护协作向更宽领域拓展、更高水平迈进，努力取得新

125

的更大成效。

完善区域法治标准体系。建立三省一市地方生态环境保护立法协同工作机制，统一区域生态环境执法裁量权，加大对跨区域生态环境违法、犯罪行为的查处侦办、起诉力度。长三角地区生态环境一体化的重要内容和发展方向是推动标准统一，但是长三角地区各省市发展水平和产业需求差异较大，难以在短时间内完全统一标准。可以在长三角地区生态绿色一体化发展示范区内率先设定统一的污染物排放标准，再逐步向其他领域、其他地区推进。

强化市场手段。健全区域环境资源交易机制，试点建设区域排污权交易市场，推动参与全国碳排放权交易市场及全国温室气体自愿减排交易体系建设。完善差别电价政策，加快落实和完善生活污水、生活垃圾、医疗废物、危险废物等领域全成本覆盖收费机制。推动设立环太湖地区城乡有机废弃物处理利用产品价格补贴专项资金。建立健全多元化投融资机制，研究利用国家绿色发展基金，支持大气、水、土壤、固体废物污染协同治理等重点项目。

健全长效化的生态补偿机制。2012 年，浙江、安徽两省在新安江流域实施生态补偿试点，开创了全国跨省流域生态补偿的先河。要深入调研流域生态补偿"新安江模式"，结合太湖等流域生态补偿机制建设实际情况，着力研究理顺跨界流域生态环境保护者和受益者的利益关系，加快推动建立多方参与、以水环境质量为基础、反映市场供求和资源稀缺程度的流域生态补偿机制，通过财政资金转移支付等方式，由生态保护受益主体向实施主体进行资金、产业、技术、人才、政策等多元化补偿，完善生态保护成效与资金分配挂钩的激励约束机制，形成"受益者付费、保护者得利"的横向生态补偿机制。

强化区域生态环境风险防范能力建设。强化长江、淮河、钱塘江、京杭大运河等水上危险化学品运输环境风险防范，严厉打击化学品非法水上运输及油污水、化学品洗舱水等非法排放行为。完善国家应急培训演练基地的建设，培养高质量的生态环境应急管理队伍和应急救援队伍。动态修订应急物资储备品种目录，提升物资储备能力建设，建立国家储备和民间储备相结合的应急物资储备体系，优化配置体系。推动应急物资的产业化、社会化和标准化建设，加快应急物资全产业链布局，提升应急物资保障能力。

加大区域科学技术研究与信息共享。围绕主要污染物成因与控制策略、跨界重要水体联动治理、海洋生态环境保护、低碳发展等跨区域、跨流域、跨学科、跨介质的重点问题开展研究，构建涵盖多介质、多要素、多尺度的跨区域生态环境演化—评估—风险监控—研判—决策—调控体系，形成长三角地区生态、大气、水、土壤、固体废物综合智慧解决方案。构建市场导向的绿色技术创新体系，整合各类资源，完成产业链整合、股权融资和商业模式构建，推动长三角地区生态环境治理与修复技术转移转化。在统一信息技术标准的基础上，建立稳定的信息共享通道和可靠的信息共享环境。

10

丹江口库区及上游生态环境保护

　　南水北调工程是世界范围内调水线路最长、调水量最大、覆盖区域最广、经济社会效益最突出的超级工程，是功在当代、利在千秋的伟大创举。中线工程作为南水北调主体工程，自 2014 年全线输水以来，累计向京、津、冀、豫 4 省市送水高达 300 多亿 m^3，让 6 700 多万人民群众喝上了优质、清洁的饮用水，极大缓解了京、津、冀、豫等地区水资源紧缺局面，在维护国家安全和社会大局安定、促进受水区经济社会发展、改善沿线生态环境、提高人民群众幸福感等方面，都发挥了难以估量的作用，取得了巨大的政治、经济、社会和生态效益。

　　问渠哪得清如许，为有源头活水来。丹江口库区及上游（以下称水源区）是南水北调中线工程的起点。党中央、国务院历来高度重视水源区生态保护和水质改善，2006 年以来，先后批复了《丹江口库区及上游水污染防治和水土保持规划》《丹江口库区及上游水污染防治和水土保持"十二五"规划》和《丹江口库区及上游水污染防治和水土保持"十三五"规划》，对水源区提升水源涵养能力、改善水环境质量、加强水污染防治、强化水土保持等做出了统筹部署，提出了配套工程建设任务。

通过这些规划的接续实施，水源区生态保护取得明显成效，生态环境质量持续改善，产业结构不断优化，人民生活水平稳步提高，为统筹生态环境保护和高质量发展打下坚实基础。

党的十八大以来，习近平总书记高度重视南水北调中线工程，尤其是水源区的保护和治理，多次发表重要讲话，做出重要指示批示，反复强调，要突出抓好生态保护修复，"守好一库净水"，确保"一泓清水永续北上"。要把实施南水北调工程同北方地区节水紧密结合起来，以水定城、以水定业，注意节约用水，不能一边加大调水、一边随意浪费水。"十四五"时期是我国在全面建成小康社会、实现第一个百年奋斗目标之后，乘势而上，开启全面建设社会主义现代化国家新征程、向第二个百年奋斗目标进军的第一个五年。在新时代新阶段，要从国家发展大局和社会主义现代化建设全局出发，进一步做好水源区水污染防治和水土保持等工作，不断提高水源区生态环境保护水平和生态本底。

10.1 区域概况

水源区地处秦岭支脉伏牛山南麓至南部大巴山区，是由秦岭及大巴山南北所夹的相对独立的自然地理单元，流域地形由西北向东南倾斜，从河源处的 2 000 m 下降到丹江口库区的 143 m 左右。北部自西向东均处于秦岭南麓，至秦岭余脉伏牛山；南部主要为大巴山区；东部自北向南依次为山地、丘陵、垄岗、平原，与江汉平原相连。

水源区属于亚热带季风气候，四季分明，冬长夏短，雨热同季，降水分布不均，立体气候明显，是我国南北气候分界的过渡带。多年平均气温为 13.7℃，多年平均降水量为 700～1 200 mm，降雨年内分配不均，5—10 月降水量占年降水量的 80%，且多以暴雨形式出现，易导致水土流失。多年平均蒸发量为 854 mm，年均日照时数为 1 717 h，无霜期平均为 231 d。

水源区主要河流为汉江和丹江，流域面积在 1 000 km² 以上的河流有 21 条，100 km² 以上的河流约有 220 条。较大的支流有左岸的沮水、褒河、湑水河、酉水河、子午河、月河、旬河、金钱河、丹江、老灌河等，右岸的玉带河、漾家河、牧马河、任河、岚河、黄洋河、坝河、堵河等。

水源区植被区划属北亚热带常绿阔叶混交林地带，以夏绿阔叶、针叶林及针阔叶混交为主，森林覆盖率约为 45%，部分地方存在原始森林。水源区动植物种类繁多，生物多样性丰富，共有高等植物 3 200 多种、国家级和省级保护的陆生野生动物达 100 多种、鸟类 200 多种、兽类 62 种、两栖类动物 45 种。

水源区土壤类型主要有黄棕壤、棕壤、黄褐土、石灰土、水稻土、潮土、紫色土等，其中以黄棕壤为主，主要分布于水源区中部水土流失较为严重的低山丘陵区。水源区土层厚度较薄，大部分坡耕地土层厚度不足 30 cm，局部地区不足 10 cm。

水源区矿产资源丰富，种类众多，品位不高，分布分散。已探明可工业开采的有钼、钒、铅、锌、金、汞、锑、重晶石、钛、石灰石、石英石等 45 种矿产资源，总储量约为 110 亿 t，已开发储量占总储量的比例不到 10%。

2019 年，水源区人口总数约 1 673.6 万人，较 2015 年增长 21.8%，其中城镇人口 801.7 万人，城镇化率为 47.9%，较 2015 年上升 1.1 个百分点（低于全国平均水平）；水源区生产总值 7 148.9 亿元，较 2015 年增长 46.7%，三产占比为 12.6∶44.0∶43.4。水资源总量 279.4 亿 m³，用水总量 38.3 亿 m³，57.0% 为农业用水。

10.2 区域生态环境基础

10.2.1 总体状况

2020 年，水源区达到或优于III类水质断面比例为 95.8%，较 2016 年上升 4.5 个百分点。其中，I 类水质断面占 25.0%，II 类水质断面占 59.1，III类水质断面占 11.7%，IV 类水质断面占 3.5%，V 类水质断面占 0.6%，劣 V 类水质断面占 0.1%（图 10-1）。

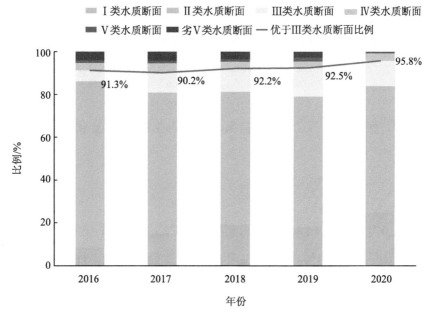

图 10-1 水源区历年水质断面比例情况

10.2.2 丹江口库区水质状况

丹江口水库共设置五龙泉、何家湾、江北大桥、陶岔、宋岗、坝上

中等 6 个监测点位。2020 年，库区中 6 个监测点位水质均达到或优于Ⅱ
类；2012 年以来，库区氨氮平均浓度常年为Ⅰ类，总磷平均浓度常年为
Ⅱ类。"十三五"期间，丹江口水库综合营养状态指数在 32.4～33.1 范
围内波动，保持中营养状态（图 10-2）。

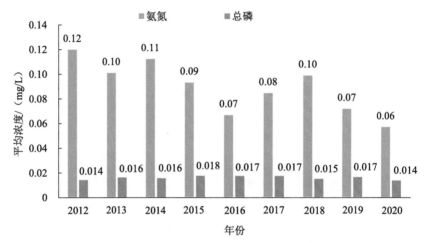

图 10-2　丹江口库区氨氮、总磷平均浓度历年变化情况

10.2.3　库区总氮浓度状况

2020 年，丹江口水库 6 个点位总氮平均浓度为 1.16 mg/L，较 2019
年平均浓度上升 7.4%。自 2012 年总氮开始监测以来，库区总氮年均浓
度呈下降趋势，"十三五"期间呈平稳波动状态，总体维持在地表水湖库
Ⅳ类标准（图 10-3）。2020 年，丹江口水库湖北省范围内的总氮平均浓
度为 1.22 mg/L（包括五龙泉、坝上中、江北大桥、何家湾等 4 个断面），
高于河南省（包括宋岗和陶岔断面，总氮平均浓度为 1.04 mg/L）。

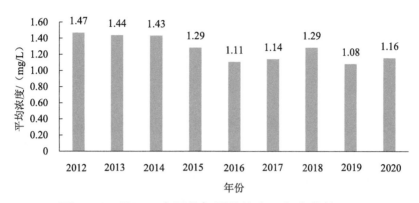

图 10-3　丹江口库区总氮平均浓度历年变化情况

10.2.4　入库河流总氮浓度状况

2020 年，水源区 8 条入库河流中，汉江总氮平均浓度最低，为 1.35 mg/L，较 2019 年降低 6.9%；老灌河总氮平均浓度相对较低，为 1.50 mg/L，较 2019 年降低 20.6%；丹江总氮平均浓度为 2.56 mg/L，较 2019 年升高 26.7%；神定河口、泗河口总氮平均浓度较高，均高于 5 mg/L，其中神定河口总氮浓度最高，为 10.98 mg/L，且较 2019 年升高 13.0%（图 10-4）。

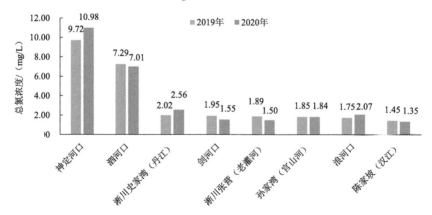

图 10-4　丹江口水库主要入库河流总氮浓度

10.3　机遇与形势

10.3.1　重要机遇

习近平总书记高度重视丹江口库区及上游生态环境保护，多次做出重要批示，为水源区水污染防治和水土保持工作指明了方向，确定了原则，明确了思路；以国内大循环为主体、国内国际双循环相互促进的新发展格局加快构建，南水北调中线工程的战略价值更加凸显，为水源区生态环境保护赋予了新的时代内涵；生态文明建设达到新水平，"绿水青山就是金山银山"的理念深入人心，人民群众追求美好生活的愿望更加迫切，为水源区源源不断创造优质水资源提供了强大动力；我国面向世界承诺实现碳达峰、碳中和，加快绿色低碳转型进程，为水源区发挥比较优势、实现高质量发展提供了重大机遇；将加强水源区山水林田湖草整体保护、增强水源涵养能力、保障水质稳定达标等写入《长江保护法》，法制体系不断完善，为做好下一步工作提供了强有力的司法保障。

10.3.2　形势挑战

（1）水环境质量改善压力仍然较大

丹江口水库主要入库支流神定河、泗河、堵河等部分河段水质不稳定，汉江上游瀛湖、石泉水库等重要湖库总氮浓度居高不下。城市生活污染治理成效仍需巩固深化，城乡面源污染防治瓶颈亟待突破。老旧城区、城乡接合部、城中村等区域，污水收集能力不足，管网质量不高，雨污分流不彻底；上游沿江乡镇垃圾收集处置以及渗滤液处理相对滞后。

（2）局部地区水源涵养及生态保护修复能力不足

部分区域石漠化问题突出，部分地区沙土裸露，植被覆盖率低，水土流失面积较大；水源区剩余可用造林地块，施工难度大、成本高，退耕还林还草工作推进缓慢；水土保持工程零散，难以形成规模效益。老灌河上游建有多座小水电站，闸坝调度不合理，难以保障下游河道生态流量。水源区洄游鱼类种类减少，鱼类、底栖动物呈现小型化趋势，藻类等浮游植物种类及密度增加。

（3）水环境风险防范能力仍需增强

饮用水水源保护区规范化建设水平仍需提升，针对有毒有害物质和新型污染物的监测能力不足。神定河、泗河、官山河、老灌河4条入库支流回水区秋季易发生水华；库区局部湾区偶有表面水华现象；剑河回水区、浪河回水区、老城镇库湾和马镫库湾藻密度较高。水源区内采选矿企业及尾矿库众多，高风险尾矿库多分布于老灌河、丹江、夹河流域；横跨十堰市4条入库支流的316国道存在危化品运输风险隐患。

（4）水源区高质量发展水平亟待提升

水源区大部分地区经济基础薄弱，淅川县、内乡县、栾川县、卢氏县等贫困区县刚刚脱贫摘帽，经济实力薄弱，财政增收困难。部分市县增长方式粗放、结构矛盾突出、创新能力不强，新产业、新业态、新模式较少，生态农业、休闲旅游等绿色产业发展水平较低，难以将生态财富转化为物质财富，绿色可持续发展能力亟待提升。为支持库区工程建设，库区周边农民人均耕地面积减少，人口的刚性增长和耕地资源的刚性锐减，导致水源区人地矛盾增加。

10.4 政策建议

水源区实施分区管控，构建"一库、两带、三区、四类"空间布局，通过水污染源头治理、水生态环境保护修复、水资源有效利用、水生态环境风险防控，保障南水北调中线工程长期稳定供水，协同推动水源区高质量发展。

10.4.1 严格保护"一库"清水

丹江口库区及上游区域担负着保障"一渠清水永续北送"的艰巨使命。"十四五"时期,丹江口水库水质要稳定达标并持续向好,要坚持问题导向,优先解决水源区面临的突出水生态环境问题。

深化水污染系统治理。持续提升工业污染治理水平,严格落实环境准入负面清单和环境影响评价制度,推动建立权责清晰、监控到位、管理规范的入河排污口监管体系,全面推进陕西安康市、商洛市、湖北十堰市等工业类园区专业化发展和循环化改造,实施矿山企业"三率"(开采回收率、采矿贫化率、选矿回收率)指标年度考核制度;着力推动农业面源污染治理,以总氮优先控制单元为重点,持续推进化肥、农药减量增效,优化农业生产结构和区域布局,全面实施秸秆综合利用和农田残留地膜、农药化肥塑料包装物等清理整治,加快推进畜禽标准化规模养殖,因地制宜推进农村改厕、生活垃圾处理和污水治理;加快补齐城镇基础设施短板,持续推进污水处理厂提标扩容、污水管网改造和修复、雨污分流设施建设,加强水源区污水垃圾、医疗废物、危险废物处理等城镇环境基础设施建设,重点推进汉中市、安康市、十堰市等城市"无废城市"建设,实现固体废物源头减量和资源化利用。

大力推进生态保护修复。提升水源涵养功能,推进石漠化地区综合治理,改变耕作制度,减少土地裸露,在水土流失治理优先控制单元大力实施封育保护,开展水土流失小流域综合治理,强化林草植被保护和恢复,持续巩固环库周地区的天然林保护,强化秦巴山、伏牛山等适宜地区国家储备林建设,在水源涵养生态建设区积极引导龙头企业、种植大户和林农发展高效林业,提高水源区陆域自然生态系统固碳增汇能力;

实施沿河环湖生态修复，在沿汉江干流及主要入库河流、黄龙滩水库等重点区域周边建设生态缓冲带，建设阻隔库周直接污染的生态屏障，加快实施丹江湿地国家级自然保护区建设，因地制宜恢复老灌河、堵河等滨岸湿地植被带；恢复水源区生物多样性，大力实施野生动植物保护、自然保护区建设，扎实推进水生生物自然保护区和水产种质资源保护区生态环境保护和资源养护，全面保护细鳞斜颌鲴、齐口裂腹鱼、大鲵等典型水生生物物种及其栖息地，在汉江、丹江干流及其主要支流、丹江口水库库区等重点水域全面禁止天然渔业资源的生产性捕捞，加强外来入侵物种防控与治理。

强化水资源保护。提高水资源利用效率，加强用水效率控制红线管理，实行严格的水资源管理制度考核，大力推进农业、工业、城镇节水，建设节水型社会，推广和普及田间节水技术，实施高耗水行业生产工艺节水改造，全面推进城市节水，加快节水型服务业建设；有效保障生态用水，优化汉江、丹江水资源配置，明确河湖生态流量目标、责任主体和主要任务、保障措施，保障汉江、丹江干流及重要支流水生态流量，加快建设生态流量控制断面的监测设施、河湖生态流量评估机制，强化监管与预警机制；推进再生水循环利用，推动建设污染治理、生态保护、循环利用有机结合的综合治理体系，大力推动再生水用于道路浇洒、园林绿化等景观环境用水，建筑冲洗、洗车、游乐、消防等城市非饮用水以及河流生态补水，合理规划布局再生水输配设施，科学制定企业使用自来水、再生水、河网水和地下水的价格标准，对再生水生产企业给予相应政策支持，加强污水处理厂中水回用。

防范生态环境风险。高标准建设水源保护区，依法开展南水北调中线丹江口水库饮用水水源保护区整治，建立健全水源环境档案和日常监管制度，加强水源保护区预警监控和风险防控能力建设，完善饮用水水源地环境保护协调联动机制；强化尾矿库治理与风险管控，汉江干流岸线 1 km 范围内禁止新（改、扩）建尾矿库项目，开展尾矿库环境状况调查和风险评估，加快尾矿库综合治理，加快推动传统矿业转型升级，新建矿山应全部达到绿色矿山标准；优化移动源应急管理，依法强制报废超过使用年限的船舶，禁止船舶冲滩拆解，防范汉江干流水上危险化学品运输环境风险，优化汉江干流港口码头布局，开展非法码头整治，针对运输有毒有害物质等车辆，加强审批登记管理，强化跨河大桥、316 国道等紧邻汉江或库区路段、G59 呼北高速临江路段应急防护设施建设；做好水源区水华防控，定期评价水源区富营养化水平，做好神定河、泗河、官山河、老灌河、剑河、浪河等 6 条入库支流的回水区、丹江口水库库湾区水质调查，增强监测站水华监测能力，建立健全应急工作机制，提高应急响应及处置能力。

10.4.2　带动水源区"两带"高质量发展

水源区以"汉江干流生态经济带"和"秦巴山区生态农林文旅产业带"为主线，践行"绿水青山就是金山银山"理念，实现并提升水源区生态产品价值，推动水源区高质量发展。

加快农业供给侧结构性改革。加大高标准农田建设力度，改善农业基础设施。培育并壮大水源区"柞水木耳"等国家地理标志农产品市场，推动汉中、安康、南阳、十堰等市建设国家农业科技园、现代农业产业园和特色农产品区。发展观光农业、休闲农业、定制农业、康养农业等新业态。以猕猴桃、金银花、核桃等特色农产品生产基地为重点，试行食用农产品达标合格证制度。深化供销合作社综合改革，推进农产品电子商务平台和乡村电商服务站点建设。建立畜禽粪污还田利用和检测方法标准体系。健全农村金融服务体系，完善金融支农激励机制，发展绿色农业保险。

大力发展文旅和康养产业。以秦巴大山古栈道群为核心,大力推进旅游业与文化产业融合发展,引进和培育一批具有创意、创新、创造能力的文化企业,推动秦巴山区旅游文创产业绿色发展。以鄂豫陕革命根据地为核心品牌,推动水源区红色旅游业发展。充分展现水源区生态环境美的优势,培育山地、冰雪、水上、低空等旅游项目,以沉浸式体验提升人们对水源区生态环境保护意识。弘扬汉文化、神农文化、三国文化、汉水文化,加强非物质文化遗产的挖掘与保护,保护传承勉县对鼓、宁强羌族刺绣、南郑藤编技艺等农业农村非物质文化遗产。发展健康养老产业,大力发展异地养老、分时度假养老和健康旅游等新业态,打造全国重要的健康养老基地。

推进制造业转型升级。加快传统产业的"绿色化"技术改造和转型升级,全面推进工业类园区专业化发展和循环化改造,完成汉中、南阳等老工业区搬迁改造。沿汉江干流发展轴,扩大航空整机及零部件、机床工具、汽车及零部件、机械设备制造等装备制造产业中长期贷款、信用贷款规模,增加技改贷款。推动股权投资、债券融资等向制造业、生物医药业倾斜。完善减税降费政策,鼓励光伏制造等高新技术企业扩大投资、增加研发投入。发挥商洛国家级循环经济试点示范作用,大力开发"城市矿产",发展再制造产业和"静脉产业"。构建绿色矿山建设的长效机制,建设环境生态化、开采方式科学化、资源利用高效化、管理信息数字化和矿区社区和谐化的矿山。

深化区域之间协调发展。进一步巩固拓展水源区对口协作常态化工作机制,鼓励水源区与京津冀等南水北调受益地区开展经常性协作交流,在产业合作对接、生态环保、科技创新、招商引资、经贸交流等方面加强合作,引导、动员受水区社会力量到水源区发展循环经济、开展生物育种等前沿科学研究。充分发挥水源区"历史厚、文化深、生态美"的优势，吸引电子信息、互联网、通信企业（机构）入驻，发展水源区"总部经济"。深入发掘水源区森林、耕地、草地等碳储量潜力，探索性发展林业、农业、草原碳汇产业，将森林碳汇、耕地碳汇、草地碳汇转化为生态产品，实现生态产品"指标化""货币化"。

水源区"两带"高质量发展布局见图 10-5。

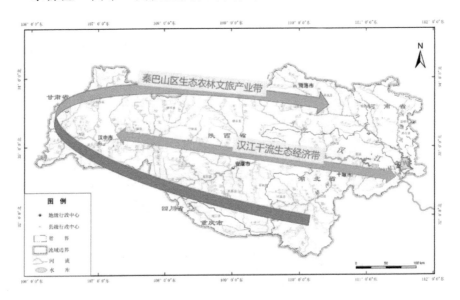

图 10-5　水源区"两带"高质量发展布局

10.4.3　构建"三区、四类"生态安全格局

坚定不移地实施分区管控制度，根据水源区水生态环境现状及问题，统筹水环境、水生态、水风险等要素，围绕山水林田湖草系统治理，实施精准、科学、依法治污，以高水平保护引导水源区高质量发展，推动形成"三区、四类"的生态安全格局。

三区：《长江保护法》明确规定，丹江口库区及其上游应按照饮用水水源地安全保障区、水质影响控制区、水源涵养生态建设区管理。根据不同区域对丹江口水库水质的影响，将水源区划分为水库中心区、水质控制区、水源涵养区三类地区，实施分区分类管控。在三个分区基础上，按照流域汇水产污特征，兼顾乡（镇）行政区划完整性，进一步细分，划定 69 个控制单元。

四类：针对 69 个控制单元，将未稳定达到水质目标、总氮浓度高、水土流失较重、环境风险较高的 30 个控制单元作为优先控制单元。具体为水质提升类、总氮控制类、水土流失治理类和风险防范类 4 类优先控制单元。

11

湖北长江三峡地区生态环境保护

湖北长江三峡地区是国家水土保持及生物多样性保护重点生态功能区，三峡大坝、葛洲坝均位于该地区。这里是中华民族战略水源地，是我国西南至中部地区重要的生态廊道、长江中下游重要的生态安全屏障，生态区位十分重要。湖北长江三峡地区是长江上游向中游的过渡地带，生态环境脆弱敏感，人口和产业密集，自然资源开发强度大，环境负荷重，其面临的问题在长江经济带具有很强的典型性、集中性和紧迫性，加之三峡工程建设带来局地生态系统失衡，日益威胁长江生态环境安全，亟须以长江为主线开展山水林田湖草系统保护修复。

2018 年 11 月，湖北省长江三峡地区山水林田湖草生态保护修复工程被正式列入国家第三批试点。实施这一工程试点，打通各要素之间的"关节"与"经脉"，实施整体保护、系统修复、综合治理，是湖北省贯彻落实习近平总书记对湖北工作的指示精神的重大举措，是修复长江三峡库区生态屏障、保障国家安全的战略需要，是充分发挥节点功能、保障长江中下游生态安全的关键措施，是保护长江三峡特有珍稀濒危物种、遏制生物多样性丧失的重要手段，是践行"绿水青山就是金山银山"理念、引领长江经济带绿色发展的重大实践，是探索长江流域系统和协同治理的有益尝试①，具有重要意义。做好长江三峡地区山水林田湖草生态保护修复工程规划和实施，对于维护长江生态安全和生态系统稳定具有极其重要的作用，也将为确立长江经济带绿色高质量发展的重要战略决策提供支撑。

11.1 区域概况

湖北长江三峡地区范围涵盖宜昌市 5 区 1 县 2 市，即西陵区、伍家岗区、点军区、猇亭区、夷陵区 5 区，秭归县 1 县，枝江市、宜都市 2 市，以及恩施州的巴东县和荆州市的松滋市，共 10 个县（市）区，总面积 1.47 万 km²。三峡地区处于我国地貌二、三级阶梯的交接地，鄂西山地向江汉平原的过渡带，地势由西北向东南逐渐下降。属亚热带大陆性季风气候，具有气候温和、雨量充沛、日照充足、四季分明等特点。长江三峡地区水资源丰富，水系均属长江流域，可分为长江上游干流水系、长江中游水系以及清江水系、洞庭湖水系和澧水水系五大水系，其中长江干流及其一级支流清江为主要两大水系，另有香溪河、沮漳河、黄柏河等重要水系，研究区域位置见图 11-1。

长江三峡地区山水林田湖草自然生态要素兼备，生态系统类型丰富多样。依据全国生态环境状况遥感调查评估更新数据，2017 年，区域总国土面积达 14 741.98 km²，其中森林生态系统面积 7 807.91 km²，占比为 52.96%，主要分布在巴东县、宜昌市秭归县、夷陵区以及宜都市渔洋河流域的山地、丘陵地区；草地生态系统面积 141.94 km²，占比为 0.96%，

---

① 参考《湖北长江三峡地区山水林田湖草生态保护修复工程试点实施方案》，湖北省人民政府，2018。

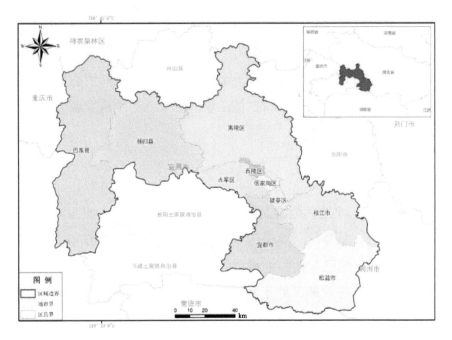

图 11-1　研究区域位置图

主要集中于巴东县清江流域、长江干流周边及夷陵区黄柏河流域上游山
地丘陵地带；江河湖库交织密布，水域面积 794.97 km²，占比为 5.39%，
长江干流横贯东西，众多支流南北分布，湖泊集中于宜都市、枝江市平
原地区；城镇建设用地面积 652.52 km²，占比为 4.42%，集中于宜昌市
中心城区及其他县（市、区）的重要乡镇；耕地面积 5 342.74 km²，占比
为 36.24%，主要分布在枝江市、宜都市和松滋市平原地区，以及巴东县、
秭归县、夷陵区干流及重要支流沿线丘陵地区。其他未利用土地面积
3.44 km²，占比为 0.02%。

　　长江三峡地区是我国水土保持和生物多样性保护重点生态功能区，
区域内植被多样，共有针叶林、阔叶林、灌丛和水生植被 4 个植被型组，
植被覆盖条件总体较好；生物资源丰富，珍稀特有物种多，是我国重要

的生物基因库；矿产资源十分丰富，是我国重要的非金属矿产地，主要矿产有磷、铁、煤、石膏、石墨、石英砂、重晶石、石灰石、大理石等。宜昌矿产资源总量较丰富，种类较多，锰、磷等 16 种矿产资源禀赋居全省前列。长江黄金水道是国家东、西部交通的重要枢纽和通道，三峡大坝和葛洲坝是长江黄金水道发挥航运功能的关键枢纽节点，具备调节长江中下游水量、防洪调蓄的功能。

11.2 区域生态环境基础

2016 年以来，湖北省积极响应国家"长江大保护"的发展战略，强化长江经济带生态保护和绿色发展的责任担当，出台《关于大力推进长江经济带生态保护和绿色发展的决定》，实施《湖北长江经济带生态保护和绿色发展总体规划》和 5 个专项规划，不断健全完善长江流域生态保护修复制度体系。全面打响生态保护和环境治理攻坚战，针对化工污染、非法码头、非法采砂等突出问题，开展六大专项整治行动；针对城市黑臭水体、农业面源污染、城乡生活污水等薄弱环节，打响长江大保护十大标志性战役；实施森林湖泊湿地生态修复、生物多样性保护、工业污染防治和产业园区改造等九大治本工程，谋划实施"双十"工程，大力推进"四个三"重大生态工程，推动长江流域生态环境的"大保护、大整治和大修复"。

宜昌市、松滋市、巴东县大力落实国家、省级战略决策，实施了一批生态保护修复与污染治理工程，全面启动长江大保护十大标志性战役。宜昌打出"关改搬转治绿"组合拳，设立长江岸线"一公里红线"，促进入河排污口整改提升，推动航运污染治理。落实十大战略性举措，破解化工围江，实施农业面源和土壤重金属污染整治，加快城市黑臭水体治理，推进生态园林、森林和骨干河流生态廊道建设。开展总磷专项治理，积极研发推广磷石膏等大宗固体废物综合利用技术，加大废弃矿山修复治理力度，推进建设绿色矿山，积极引导发展绿色、低碳、循环经济。随着各大工程举措的落地实施，长江三峡地区部分突出生态环境问题得到解决，生态环境状况得到有效改善。

11.3 机遇与形势

湖北长江三峡地区积极响应长江经济带"共抓大保护，不搞大开发"的号召，把修复长江摆在压倒性位置，大力推进生态保护与污染治理，区域生态系统格局整体稳定，生态系统质量不断改善，生态系统功能得到有效提升。但总体上，生态环境形势依然严峻，部分区域生态退化问题依然突出，重要河湖水环境质量不容乐观。长江岸线粗放利用仍然普遍，优质生态产品供给不足，珍稀濒危物种数量依然呈现下降趋势，亟须开展系统生态修复治理。

水生态环境污染问题突出，饮用水安全存在隐患。长江三峡地区城镇开发和产业发展主要沿长江干支流布局，化工围江、矿产资源开发、农业面源污染、城镇环境保护基础设施不足、航运污染等仍是制约湖北长江三峡地区水生态环境安全的主要因素。区域内长江干、支流水质总体良好，部分达标断面存在水质波动。

船舶航运污染问题突出，长江自然岸线破损严重。长江干线航道巴东至宜昌段是长江航运重要的枢纽和节点，三峡大坝、葛洲坝位于此航段，年过境船舶约 78 000 艘，且渡船、客船、非运输船、小型砂船等船舶类型多样，船舶含油污水污染、船舶生活污水污染、船舶垃圾污染问题交织，且具有流动、面广、线长、分散的特点，监管难度极大，对长江水域和岸坡环境构成极大威胁。岸线粗放使用，三峡库区消落带生态脆弱敏感，水土流失严重。近年来，宜昌市、松滋市、巴东县累计取缔长江干线及支流非法码头 246 家，迫切需要对非法码头损毁岸线进行有效修复。

重要生态空间遭受挤占，生态系统服务功能严重退化。随着工业化、城镇化的快速发展，区域内城镇面积增加显著，农田、森林、草地、河湖、湿地等生态空间受到不同程度的侵占。依据 2005—2017 年长江三峡地区生态系统结构空间变化情况分析，森林、河湖、湿地等生态用地退化区域集中于主城区、秭归县、宜都市以及巴东县长江干支流沿线。其中，河湖湿地生态空间下降最为明显，严重影响区域防洪调蓄和水源涵养能力。同时，森林生态系统存在结构单一、抗病虫害能力差、空间布局合理性和连通性差等问题。马尾松等人工林品种单一，松材线虫病虫害问题突出，森林生态系统稳定性差。

水土保持能力薄弱，水土流失治理任重道远。湖北省长江三峡地区属于西南紫色土区和南方红壤区，地形复杂，山峦起伏，峡谷幽深，沟壑纵横，高低相差悬殊。西北的巴东县、宜昌市的秭归、夷陵西部等多为地质灾害易发频发地区，地形陡峭，降雨充沛，土壤相对疏松，水土流失问题突出，是国家级水土流失综合治理重点区域[1]。试点区域水土流失敏感性分析显示，水土流失极敏感区面积 1 425.8 km²，占比为 9.67%，集中于巴东、秭归与夷陵三峡库区核心区；敏感区面积 5 102.6 km²，占比为 34.61%，分布于巴东县清江流域、秭归县南部以及夷陵区的黄柏河流域。水土流失在破坏耕地资源的同时，严重影响了当地水循环途径和生态系统循环，自然生态系统稳定性较差，防洪调蓄能力不足。

矿产资源开发利用破坏生态环境，土地集约利用程度不高。长江三峡地区矿山资源丰富，矿山资源开采历史悠久，矿山环境影响严重区和较严重区主要集中在夷陵区北部黄柏河流域上游、宜都市和松滋市松宜

---

[1] 参考《国务院关于全国水土保持规划（2015—2030 年）的批复》。

矿区，矿产开采活动密集、强度较大，破坏生态环境问题突出，主要表现为崩塌、滑坡、泥石流、采空区塌陷、侵占破坏土地、土壤污染、地表（地下水）污染、水均衡破坏等。松宜矿区洛溪河流域水质较差，硫酸盐、铁和总硬度等指标严重超过 V 类水标准，且治理修复难度大。另外，区域内磷石膏历史堆存总量极大，且综合利用技术难度大，短时期内难以实现大规模资源化利用，严重威胁土壤及水质安全。耕地质量偏低，集约利用程度不高。

农业面源污染严重，农村生活污染加剧。经统计数据测算，2017 年，长江三峡地区化肥使用强度为 687.72 kg/hm²，高于全国 352.27 kg/hm² 和湖北 399.57 kg/hm² 的平均水平；农药使用强度为 10.83 kg/hm²，高于发达国家对应限制 7 kg/hm² 的标准。化肥、农药总体有效利用率不高，对水体造成了严重污染隐患。区域内大部分养殖场的粪便储存设施没有配备遮蔽和防渗工程，直排养殖场占规模养殖场的 38% 左右，危害地下水和土壤环境。水产养殖面积大、密度高，围网围栏养殖区域多，造成部分江河湖库富营养化趋势加剧。农村生活垃圾污水量大面广，生活污水、垃圾收集处理设施配套不足、处理能力不足，对长江干支流水体的污染负荷贡献较大。

珍稀濒危野生物种数量下降明显，生态环境敏感脆弱。受水电资源开发、人为活动和环境污染等因素影响，长江三峡地区野生生物种群量减少，野生植物种群的栖息地被蚕食侵占，群落结构简单化趋势明显，水生生物繁衍生存受到严重干扰。库区特有的红豆杉、巴山榧树、三尖杉、连香、珙桐等原生植物群落破损退化严重，荷叶铁线蕨、红豆杉等濒临灭绝，苏铁、巴山粗榧、七子花、江豚、达氏鲟（长江鲟）、胭脂鱼等珍稀野生物种明显减少，斑地锦、水葫芦、水花生、加拿大黄花、凤眼莲、野燕麦、北美车前、鳄龟、巴西龟、牛蛙等外来有害生物入侵态势加剧。

11.4 政策建议

　　湖北长江三峡地区生态保护修复立足于长江三峡地区重要的生态功能定位，结合长江三峡地区生态保护修复工作基础和生态环境问题，将生态系统修复、生态系统演替、近自然修复等理念融会贯通，秉承"山水林田湖草是一个生命共同体"的系统思维，从长江流域生态系统整体性与系统性着眼，统筹考虑各类重要生态系统的空间分布规律，识别重要生态功能区域及生态退化区域空间分布，优化工程实施空间总体布局。以生态保护修复片区为空间载体，以片区突出生态环境特征及问题为导向，聚焦"一江清水东流"的目标，分片区、分类型实施"修山、治水、护岸、复绿"，修复受损生态系统结构，恢复水源涵养、水土保持等重要生态服务功能。严格项目过程管理，创新生态修复技术，打破部门、区划界限，探索区域生态保护修复协同联动、合力共治的体制机制建设，整体推进，重点突破，一张蓝图绘到底，践行"绿水青山就是金山银山"，推动区域绿色高质量发展。

11.4.1 实施空间分区管控

　　基于项目区地形地貌、海拔高程、土壤水文等基础自然地理特征，综合考虑自然生态的系统性和生态功能的完整性，以及长江流域社会—生态过程耦合作用，统筹山水林田湖草各要素，聚焦突出生态环境问题及生态保护修复需求，长江三峡地区生态保护修复以长江干流为轴心，从流域整体性和系统性出发，统筹"源、点、线、面、体"5个维度，构建"一江、两廊、三区、多源"的总体布局，建设绿色和蓝色基底的生态网络。

149

依据长江干支流、重要湖库，结合不同生态系统、生态环境问题的空间差异，衔接流域边界、行政区划边界，在总体布局基础上，进一步将长江三峡地区划分为西部库区山地丘陵水土流失治理和水源保护区、中部丘陵流域水环境综合治理区、东部平原综合治理修复区 3 个大区。以江河水系为脉络，开展生态服务功能及生态环境敏感性、脆弱性评估，识别重要生态功能区域分布以及生态环境脆弱性、敏感性分布。结合生态状况遥感变化分析，识别生态退化区域，衔接流域边界、行政区划边界，进一步划分 11 个生态保护修复片区，其中 2 个为重点保护片区，9 个为重点修复片区（表 11-1）。

11.4.2　流域水环境治理修复

流域水环境治理是长江三峡地区生态保护修复的重点。聚焦工业源、农业源、城乡生活源、船舶航运污染源等污染源头，统筹水资源保护、水污染治理、水生态修复"三水共治"，推进"四源齐控"，构建"源头减排、过程阻断、末端治理"全过程防控水污染的治水模式。引导沿江化工企业转型升级，从源头控制工业污染。持续推进化肥、农药减量增效，开展畜禽粪污资源化利用，有效防控农业面源污染。健全城乡生活垃圾、污水收集处理体系，完善航运和船舶污染防治体系，利用"净小宜"智慧化管理平台，发展绿色航运，严控长江航运污染。加强"一江两岸"水环境综合治理，推进黄柏河、联棚河、柏临河等重要支流生态环境治理，实施香溪河消落带治理修复，开展金湖、季家湖、小南海湖等湖泊生态修复。推进饮用水水源地保护，保障城镇饮用水安全。

表 11-1　湖北长江三峡地区生态保护修复分区方案

大区	生态保护修复片区	范围	面积/km²	片区特点	重点修复任务
西部库区山地丘陵水土流失治理和水源保护区	三峡库区岸线治理修复片区	巴东县绿葱坡镇、茶店子镇、信陵镇、官渡口镇、东壤口镇、溪丘湾乡、沿渡河镇	1 812	区域内有巴东金丝猴国家级自然保护区，主要保护对象是川金丝猴、麋、珙桐、红豆杉等珍稀野生动植物。长江岸线崩岸多发，固土护岸功能不足，地势落差大，水土流失严重	实施重要生态系统保护修复、污染与退化土地治理修复、流域水环境保护治理、土地综合整治工程，建设生态农业示范区，防治水土流失
	清江流域生物多样性保护片区	秭归县茅坪镇、屈原镇、归州镇、水田坝乡、泄滩乡、沙镇溪镇、两河口镇、梅家河乡、磨坪乡、郭家坝镇、杨林桥镇、九畹溪镇	1 545	地处巫山余脉及武陵山余脉，水源涵养功能重要，生物资源丰富。受人为活动影响，野生动植物生境受到不同程度破坏	坚持保护优先、自然修复，实施森林草原植被修复及其他工程，提升城乡生活污水、垃圾处理能力，改善城乡环境质量
	三峡库区环境综合整治片区	夷陵区邓村乡、太平溪镇、三斗坪镇、乐天溪镇、下堡坪乡	2 283	水网密布，水源涵养及水土保持功能重要。库区消落带群落结构简单，土护岸、水源涵养、维护生物多样性等生态功能下降；水土流失、滑坡等地灾时有发生；河网周边耕地密集，农业面源污染严重	实施重要生态系统保护修复、流域水环境保护治理、土地综合整治工程，开展消落带修复项目，修复重要河流生态系统，防治农业面源污染

大区	生态保护修复片区	范围	面积/km²	片区特点	重点修复任务
西部库区山地丘陵水土流失治理和水源保护区	三峡库区水土保持片区	巴东县大支坪镇、野三关镇、清太坪镇、水布垭镇、金果坪乡	1 104	境内有大老岭国家级自然保护区、西陵峡东震旦纪地质剖面省级自然保护区等，三峡大坝坐落于此，水土保持及洪水调蓄功能突出重要，地势落差大、水土流失隐患突出，森林结构单一	实施森林草原植被恢复工程，强化病虫害防治，恢复自然生境和群落
中部丘陵流域水环境综合治理区	城市岸线治理修复片区	西陵区、伍家岗区、猇亭区	286	沿江城区化工企业密布，人类活动集中，岸线使用粗放，非法码头众多，航运污染问题突出	以保障长江干流水质稳定、维护长江重要鱼类种质资源生境、保护饮用水水源地水质为目标，重点实施流域水环境保护治理、重要生态系统保护修复、污染与退化土地治理修复及其他类工程
	卷桥河一联棚河流域水环境治理修复片区	点军区点军街道、联棚乡、土城乡、桥边镇、艾家镇	533	区域内有长江宜昌中华鲟省级自然保护区，主要保护对象为国家一级保护鱼类中华鲟，卷桥河及联棚河流域周边农业面源污染突出，部分河段河道狭窄、河道自净能力差、堤岸生态空间遭受挤占，湿地植被群落结构简单，物种单一	实施流域水环境保护治理、重要生态系统保护修复工程，修复河湖湿地，开展河湖水系连通，保障饮用水水源地安全

大区	生态保护修复片区	范围	面积/km²	片区特点	重点修复任务
中部丘陵流域水环境综合治理区	黄柏河流域水环境治理修复片区	夷陵区樟村坪镇、雾渡河镇、黄花镇、小溪塔街道、分乡镇	1 660	黄柏河上游磷矿等矿产资源开发，危害地表水和地下水，河网沿线农村农田密集，农业面源污染较重，流域水环境污染问题突出，水体总磷超标，河道淤积，湿地面积萎缩，河流生态系统遭到破坏	重点开展流域水环境保护治理、土地综合整治工程，实施重要支流水环境整治，清洁小流域建设、高标准农田建设等
	柏临河流域水环境治理修复片区	夷陵区黄花镇、龙泉镇、鸦鹊岭镇	657	流域沿线林草等生态空间被占用突出，农田散布，农业面源污染严重，污水收集处理设施不健全，农业面源污染严重，导致水环境质量总体较差，河流生境支离破碎，生态系统退化	实施流域水环境保护治理项目，修复临河湖河流域生态系统服务功能
东部平原综合治理修复区	金湖湿地水环境综合治理修复片区	枝江市马家店街道、安福寺镇、董市镇、七星台镇、百里洲镇、白洋镇、仙女镇、问安镇和顾家店镇	1 372	区域河渠湖库密集，河湖水系连通不足，乡镇污水收集处理能力有限，围湖造田、围栏养鱼等导致湖泊面积萎缩，水环境受到污染，湖泊生态系统遭到破坏，水体质量较差，对长江干流造成污染负荷	实施流域水环境保护治理、重要生态系统保护修复、土地综合整治、生物多样性保护及其他工程，修复河湖湿地生态系统，保护生物多样性，消除劣Ⅴ类水体，改善城乡水环境质量，提高农用地利用效率，防治农业面源污染

大区	生态保护修复片区	范围	面积/km²	片区特点	重点修复任务
东部平原综合治理修复区	清江—渔洋河流域国土综合整治片区	宜都市陆城街道、红花套镇、高坝洲镇、聂家河镇、松木坪镇、枝城镇、姚家店镇、五眼泉镇、王家畈镇、潘家湾土家族乡	1 353	河湖湿地面积萎缩，生态功能退化，森林结构单一，涵养水源能力不足。松宜矿区矿山开发破坏生态环境，山体裸露、地面塌陷，矿渣占用土地资源，造成水土环境污染。农业面源污染突出，耕地质量不高	实施土地综合整治、流域水环境保护治理、重要生态系统保护、矿山生态工程，开展重要支流水环境整治、改善城乡水环境质量，修复长江岸线，开展农用地治理、实施废弃矿山治理修复、防范水土流失
	松宜矿区环境综合整治片区	松滋市新江口镇、南海镇、八宝镇、涴市镇、老城镇、陈店镇、沙道观镇、沧水镇、刘家场镇、街河市镇、王家桥镇、斯家场镇、万家乡、纸厂河镇、杨林市镇、卸甲坪土家族乡	2 187	松宜矿区矿山开发危害地表水和地下水，造成洛溪河污染严重，废弃工矿地压占土地。长江岸线非法码头较多，植被覆盖不足，引发水土流失，滑坡等地质灾害。围湖造田、养鱼等造成河湖水环境污染严重，生态系统遭到破坏	实施重要生态系统保护修复、流域水环境保护治理、矿山生态修复工程，恢复岸线植被，修复河湖湿地生态系统，改善水环境质量，开展废弃矿山治理修复

11.4.3　化工围江整治与长江岸线生态修复

宜昌市是全国重要的磷化工产业基地，长期以来，化工围江为长江生态安全带来极大风险和隐患。"十三五"以来，宜昌市以壮士断腕的精神破解"化工围江"，分类整治化工园区，制定"一企一策"，推进化工企业关改搬转，奠定坚实工作基础。试点期间，长江三峡地区持续推进化工围江 134 家企业关改搬转，重点围绕沿江 1 km 范围内化工企业，分类实施"关闭、改造、搬迁、升级"。积极培育新动能，化解旧动能，破除环境风险，安全处置磷石膏固体废物，提高磷石膏综合利用率，政策性引导磷石膏产品的市场开发。对搬迁化工企业污染场地及时予以修复，变革创新传统发展模式和路径，鼓励引导企业采用新技术实现清洁生产和节能减排，探索生态优先、绿色发展的新路子。实施长江上下游、左右岸岸线整体保护、系统修复，修复长江岸线 97.9 km，加大力度整治清理非法码头，开展岸线复绿，恢复岸线生态功能。

11.4.4　废弃矿山生态修复

统筹矿山的源头防控、过程监管以及新建矿山的标准指引，鼓励建设绿色矿山。对松宜矿区周边污染水体实施综合治理，包括洛溪河、尖岩河等，减轻酸性矿井水对河流的影响，改善水生态系统平衡。实施松宜矿区废弃矿山生态修复治理及长江沿线 10 km 矿山治理工程，重点对松宜矿区内废弃工业场地、大量厂矿生活和建筑垃圾堆积、其他工业场地及挖损废弃工矿土地进行综合整治。根据矿区损毁土地原土地利用类型，采用适宜项目区的乡土树种和草种，并考虑工程施工难易程度以及技术可行性等方面的因素，进行损毁土地植被恢复。完成废弃工矿场地土地整治 96.9 hm²，完成废弃渣堆、采坑修复 372.8 hm²，完成采矿塌陷

区治理 321 hm²。

11.4.5　土地综合整治与农村生态环境保护

严守耕地红线，深化土地综合整治。重点在秭归县、枝江市、宜都市、巴东县，统筹农用地整治、高标准农田建设、节水灌溉农业、土壤改良、生态农业等建设项目，统一推动"山、水、林、田、路、村"土地综合整治，提高土地利用率。推广有机肥，替代化肥，提高耕地质量。强化秸秆、农膜废弃物资源化利用，多措并举，高效推进生态农业示范区建设，发展循环农业和智慧农业。加强农村饮用水水源保护，确保农村饮水安全。推进农村生活垃圾治理及生活垃圾资源化利用，完善农村生活污水处理体系，改善农村人居环境。

11.4.6　重要生态系统修复与生物多样性保护

在夷陵区、秭归县、巴东县实施清洁小流域建设、坡耕地治理、库区消落带治理等工程，建设水土保持林和岸线防护林，防治水土流失，消除灾害隐患。结合松材线虫、马尾松毛虫等病虫害防治工程，开展低质低效林改造，恢复森林生态系统。依托试点区典型的森林、湿地生态系统，通过人工繁殖、野生驯化等手段，抢救性保护金丝猴、中华鲟、达氏鲟（长江鲟）、胭脂鱼、江豚、宜昌核桃、疏花水柏枝等濒危野生动植物。落实长江十年禁捕，保护长江流域重要水生生物资源，通过"人工鱼巢"、鱼礁等方式修建鱼类栖息、繁殖场所，保证鱼类的生存环境。对人工增殖放流效果进行评价，并定期对水生生物多样性进行监测。

11.4.7　区域生态保护修复体制机制创新

创新长江流域共抓大保护路径，建立省级工作联席会议制度，深化省负总责、市县抓落实的试点工作推进机制，各试点地区设立试点工程领导小组，搭建好"党委监督、政府推进、部门协作、资金整合、公众参与"的组织构架。完善工程项目、资金、绩效管理机制，探索跨区域生态补偿机制、磷石膏综合治理及资源化利用监管体系建设，加强水质预警及监测能力建设与水土污染防治规划能力建设，建立工程项目库，强化绩效评估和考核，建立跨区域、跨部门、上下联动的生态保护修复长效机制。

12

赤水河流域生态环境保护

12.1 区域概况

赤水河为长江上游南岸较大的支流，据史料记载："流卷泥沙，每遭雨涨，水色浑赤，河以名之。"流域呈扇形展布，位于东经104°73′～106°97′，北纬27°23′～28°80′，流域面积20 440 km²，干流河长436 km，地跨云南省昭通市、贵州省毕节市和遵义市、四川省泸州市，共15个县（区）。赤水河发源于云南省昭通市镇雄县赤水源镇银厂村，自西南向东北流，在镇雄、威信县交界处折向东流，到仁怀市茅台镇转向西北流，至合江县城东汇入长江。流域水系发育，支流多呈树枝状分布，流域面积大于300 km²的一、二级支流有17条，其中超过1 000 km²的有5条，即二道河、桐梓河、古蔺河、大同河、习水河。

赤水河是《长江保护修复攻坚战行动计划》中提出的重点支流，是长江上游唯一一条干流没有建坝的大型一级支流，自然条件整体较好，鱼类种类相对丰富，支流源头地区是重要的鱼类栖息地。赤水河占长江上游珍稀特有鱼类国家级自然保护区总长度的1/2，分布有超过1/3的长江上游特有鱼类。独特的生态环境使其成为长江鱼类最后的家园。

根据赤水水文站 2015 年 1 月—2020 年 12 月逐月流量数据分析，2017 年 2 月流量最小，为 76.3 m³/s；2020 年 7 月流量最大，为 1 250 m³/s；流量变化幅度大，最大值和最小值相差约 16 倍。该水文站对应的鲢鱼溪断面，2015—2020 年，高锰酸盐指数、氨氮浓度总体呈下降趋势，总氮、总磷浓度总体呈上升趋势。对比该站点的逐月流量数据与主要污染物浓度月均值，两者之间没有显著的相关性。目前初步判断，氮磷污染问题较为突出，面源污染严重。

赤水河流域内水资源丰富，河流纵横交错，水库星罗棋布。赤水河水系主要有洛甸河、铜车河、扎西河、罗尼河及倒流水等干支流，且已建成红石桥水库等 7 项小一型水利工程以及车匠沟水库等 6 座小二型水库。镇雄县赤水河流域内还有果珠乡鱼洞电站（总装机 1 600 kW）、坡头镇新场电站（总装机 500 kW）及簸笠电站（总装机 4000 kW）、大湾镇境玉田电站（总装机 1 000 kW）、花朗乡法地电站（总装机 800 kW）及双核桃电站（总装机 9 600 kW）等 6 座电站，总装机容量 17 500 kW。威信县流域内建有石坎、庙坝等 5 座电站，总装机 1 200 kW，水资源开发及水利化程度较低。2020 年，云南境内赤水河流域 17 座小水电站全部被拆除。

12.2 区域生态环境基础

12.2.1 水环境质量现状

赤水河流域目前共设置 11 个国控断面。"十三五"期间，赤水河流域共设置云南省昭通市清水铺断面，贵州省仁怀市茅台断面、赤水市鲢鱼溪断面、支流习水河长沙断面，四川省泸州市醒觉溪断面等 5 个断面。

"十四五"期间，新增昭通市岔河渡口断面、毕节市二道河入河口断面、毕节市赤水河清池断面、遵义市桐梓河两河口断面、古蔺河太平渡断面、泸州市大同河两汇水断面等6个断面（图12-1）。

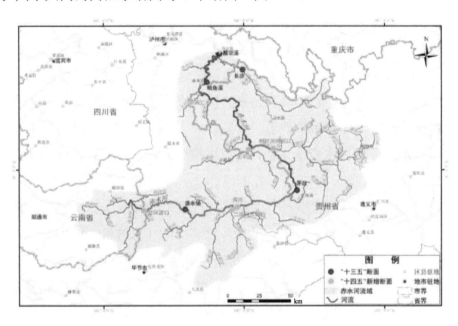

图 12-1　赤水河流域国控监测断面点位分布

2020年，流域内太平渡断面年均水质达到Ⅲ类，其余断面年均水质均达到Ⅱ类水平，5个"十三五"国控断面均达到考核要求。

干流各断面主要污染指标浓度，沿程总体稳定，醒觉溪、岔河渡口断面部分指标浓度较高。其中，高锰酸盐指数均保持在Ⅰ类，沿程浓度变化不明显；化学需氧量均保持在Ⅰ类水平，上游岔河渡口断面浓度略高于其余断面；氨氮浓度，沿程变化较明显，醒觉溪断面浓度较高，达到Ⅱ类水平，其余断面浓度保持在Ⅰ类，其中，茅台断面浓度最低；总磷均保持在Ⅱ类，沿程浓度比较平稳，醒觉溪断面浓度略有升高；总氮

（不参评）均在劣Ⅴ类水平，在鲢鱼溪断面浓度达到峰值（图 12-2）。

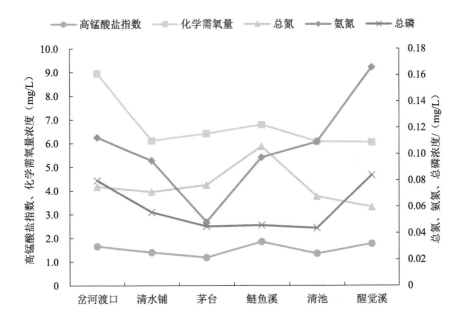

图 12-2　2020 年赤水河干流断面主要指标沿程浓度变化情况

古蔺河、大同河、习水河、二道河、桐梓河等 5 条主要支流中，古蔺河水质为Ⅲ类，定类指标为总磷，其太平渡断面各主要指标年均浓度处于流域较高水平；习水河（长沙断面）高锰酸盐指数、化学需氧量、氨氮年均浓度均略高于干流水平，大同河（两汇水断面）高锰酸盐指数年均浓度略高于干流水平，二道河氨氮年均浓度略高于干流；各主要支流总氮（不考核）年均浓度均达到劣Ⅴ类水平，其中，桐梓河总氮年均浓度略高于其他支流，但低于干流水平（图 12-3 至图 12-8）。

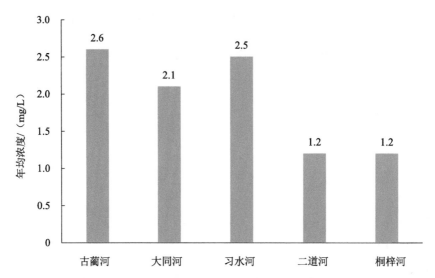

图 12-3　2020 年主要支流部分断面高锰酸盐指数年均浓度

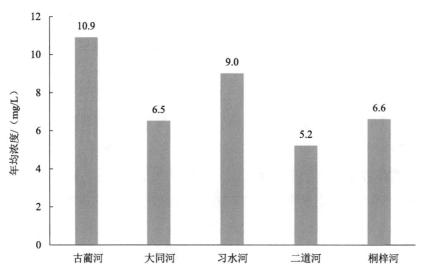

图 12-4　2020 年主要支流部分断面化学需氧量年均浓度

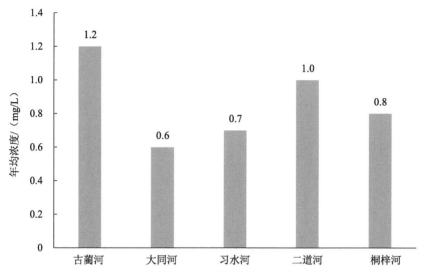

图 12-5　2020 年主要支流部分断面生化需氧量年均浓度

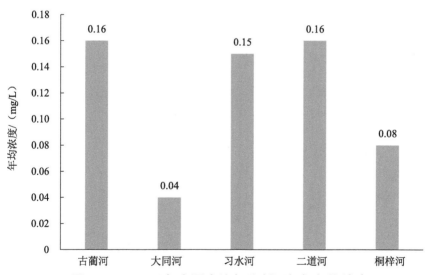

图 12-6　2020 年主要支流部分断面氨氮年均浓度

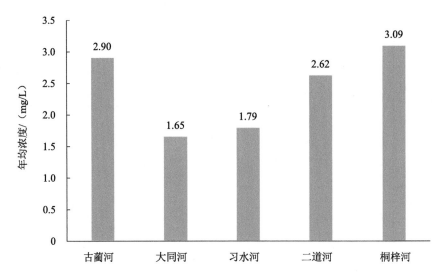

图 12-7　2020 年主要支流部分断面总氮年均浓度

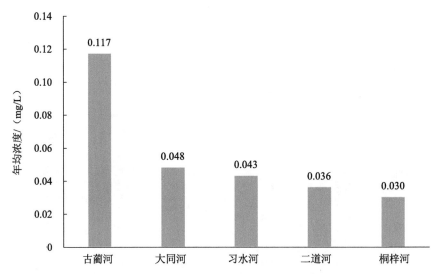

图 12-8　2020 年主要支流部分断面总磷年均浓度

12.2.2 "十三五"期间水质变化情况

根据 2015—2020 年国控断面监测数据，赤水河流域 5 个国控断面年均水质均稳定达标，其中茅台断面 2015—2016 年为Ⅲ类（总氮不参评，下同；主要定类因子为化学需氧量、氨氮），2017—2020 年提升至Ⅱ类水平（主要定类因子为总磷等）。其他断面年均水质稳定维持在Ⅱ类及以上水平（表 12-1、图 12-10）。

"十三五"期间，清水铺断面高锰酸盐指数、氨氮、化学需氧量年均浓度总体稳定在Ⅰ类水平，化学需氧量年均浓度略有升高，总氮年均浓度在劣Ⅴ类水平；茅台断面化学需氧量、氨氮、高锰酸盐指数年均浓度下降幅度较大，化学需氧量由Ⅲ类提高到Ⅱ类水平，高锰酸盐指数由Ⅱ类提高到Ⅰ类水平，总磷保持在Ⅱ类水平，年均浓度呈上升趋势，总氮年均浓度在劣Ⅴ类水平（图 12-9）；鲢鱼溪断面氨氮、化学需氧量均稳定在Ⅰ类水平且下降幅度较大，高锰酸盐指数年均浓度略有下降，由Ⅱ类提高到Ⅰ类水平，总磷、总氮年均浓度均呈上升趋势，分别维持在Ⅱ类、劣Ⅴ类水平（图 12-11）；长沙断面化学需氧量、氨氮、总氮年均浓度呈下降趋势，2020 年略有回升，其中，氨氮年均浓度由Ⅱ类提高到Ⅰ类，总氮由劣Ⅴ类提高到Ⅴ类，高锰酸盐指数年均浓度由Ⅱ类提高到Ⅰ类水平，总磷年均浓度保持在Ⅱ类，呈波动上升趋势（图 12-12）。醒觉溪断面化学需氧量、氨氮、高锰酸盐指数年均浓度总体保持在Ⅰ类水平，总磷年均浓度稳定在Ⅱ类水平，总氮年均浓度为劣Ⅴ类水平，2020年，氨氮、总磷年均浓度略有上升（图 12-13）。

表 12-1   "十三五"期间赤水河流域国控断面水质类别及定类因子

断面名称	所在河流	2015 年	2016 年	2017 年	2018 年	2019 年	2020 年
清水铺	赤水河	Ⅱ	Ⅱ	Ⅱ	Ⅱ	Ⅱ	Ⅱ
茅台	赤水河	Ⅲ	Ⅲ	Ⅱ	Ⅱ	Ⅱ	Ⅱ
鲢鱼溪	赤水河	Ⅱ	Ⅱ	Ⅱ	Ⅱ	Ⅱ	Ⅱ
长沙	习水河	Ⅱ	Ⅱ	Ⅱ	Ⅱ	Ⅱ	Ⅱ
醒觉溪	赤水河	Ⅱ	Ⅱ	Ⅱ	Ⅱ	Ⅱ	Ⅱ

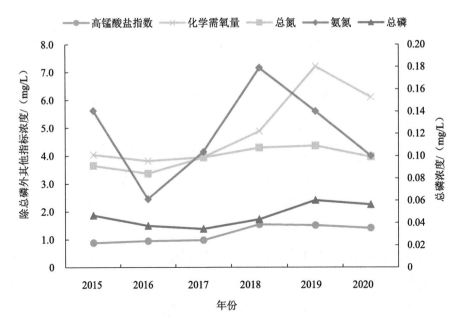

图 12-9   清水铺断面 2015—2020 年主要污染物浓度变化情况

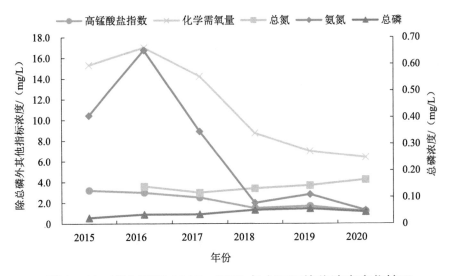

图 12-10 茅台断面 2015—2020 年主要污染物浓度变化情况

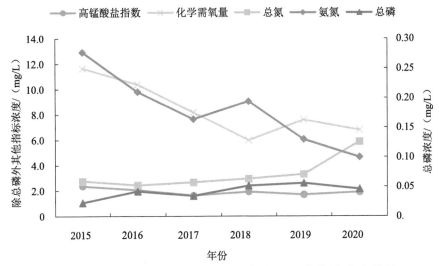

图 12-11 鲢鱼溪断面 2015—2020 年主要污染物浓度变化情况

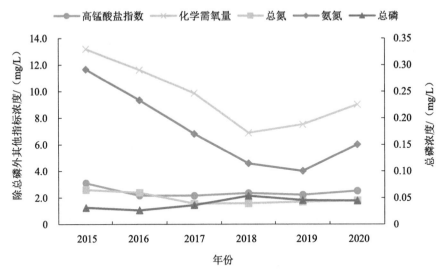

图 12-12 长沙断面 2015—2020 年主要污染物浓度变化情况

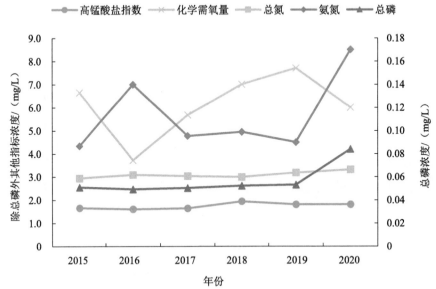

图 12-13 醒觉溪断面 2015—2020 年主要污染物浓度变化情况

12.2.3 水生态环境保护工作开展情况

2018 年 2 月，在环境保护部、财政部的推动下，云南、贵州、四川三省签订了《赤水河流域横向生态保护补偿协议》，建立了赤水河流域横向生态补偿机制。同时，四川省泸州与云南省昭通，贵州省遵义、毕节等城市分别签订了战略合作框架协议，达成《中国赤水河流域生态经济发展论坛赤水共识》，共同开展联合监测、联动执法，实行环境污染应急联动，为三省共抓大保护奠定了基础。2020 年，云贵川三省加快制定赤水河流域保护立法工作，积极推动形成"一部三省共同的保护条例"，实现区域立法从"联动"到"共立"的跃升。

（1）贵州省开展工作

2013 年以来，贵州省通过实施《贵州省赤水河流域环境保护规划（2013—2020 年）》，优化流域内产业布局，建立了赤水河流域生态空间用途管制制度，在生态环境保护区内禁止新建白酒、化工、造纸、涉重金属、煤炭、矿产采选等易造成水体污染的项目，禁止进行破坏地貌、生态植被、水源涵养功能的活动。2014 年，贵州省印发了《贵州省赤水河流域水污染防治生态补偿暂行办法》（黔府办函〔2014〕48 号），在省内赤水河流域遵义市、毕节市开展水污染生态补偿工作。2018 年，跨省补偿协议签订后，贵州省人民政府与遵义市、毕节市人民政府签署了《赤水河流域水质目标责任书》，对水质目标、治理任务、权力责任进行细化和明确。2020 年，贵州省印发《贵州省赤水河等流域生态保护补偿办法》（黔府办发〔2020〕32 号），按照"谁超标谁付费，谁保护谁受益"的原则，统一全省流域污染防治生态补偿的方式、标准和主要污染因子。

工业污染治理方面，着力推进流域酿造废水治理。建成酿酒废水集中污水处理设施 19 座，污水处理能力达 5.04 万 t/d。2020 年，先后建成投运仁怀市苍龙污水处理厂、陈家咀污水处理厂、石火炉污水处理厂、鲤鱼滩污水处理厂技改工程；茅台集团对酿造工艺冷却水系统进行改造，实现循环利用；对白酒废水治理提质增效，实现酿酒废水全轮次达标排放。

城镇生活污水治理方面，流域 71 个建制镇实现污水处理设施全覆盖，处理能力为 6.3 万 t/d，配套管网 730 km。19 个乡镇中，11 个已建成污水处理设施 4 160 t/d，配套管网 52 km，8 个乡镇正在建设污水处理设施。已建成投运县城以上生活污水处理设施 21 座，生活污水处理能力 38.75 万 t/d。

农村环境整治方面，截至 2020 年年底，939 个行政村中，农村生活污水处理设施已覆盖 307 个，覆盖率达到 32.7%；完成农村生活污水治理 168 个，治理率达到 17.9%。80%以上的行政村农村垃圾得到收运处置，基本建成农村垃圾收运"村收集、镇转运、区处置"机制，其中赤水市、仁怀市、播州区农村垃圾收运已全覆盖。

开展入河排污口排查整治，完成贵州省赤水河干流具备采样条件的疑似排污口现场采样监测和溯源工作。

加大环境监管执法力度。2020 年，遵义市、毕节市共查办涉及赤水河流域各类生态环境违法案件 240 余件，罚款逾 2 770 万元。实施查封、扣押 23 件，实施停产整治 1 家，移送公安机关行政拘留 18 件，涉嫌环境污染犯罪案件 1 件，检查企业 2750 余家次，出动执法人员 6 030 余人次。

（2）云南省开展工作

推动落实流域补偿方面，2018 年，云南省印发《建立赤水河流域云南省内生态补偿机制实施方案》（云财建〔2018〕342 号），加快推动赤水河流域生态补偿工作落地，昭通市负责省内赤水河生态补偿工作具体实施。

工业污染治理方面，2019 年，云南省实施《赤水河流域（云南段）生态环境保护与治理规划（2018—2030 年）》，开展入河排污口排查整治，扎西河等支流河道治理，工矿企业、养殖企业、固废场所生态修复综合治理，农村环境综合整治等多项工作，不断加大保护治理力度。昭通市严格流域建设项目环境准入，在赤水河源头 38 km 范围内禁止任何工业企业入驻，杜绝新上酒厂、造纸厂、水电站等项目。近年来，镇雄县在赤水源镇关闭了 1 家化肥厂、40 余家水晶加工厂和 10 余家小型煤矿，重点发展了 2.5 万亩方竹产业，并同步实施退耕还林、综合整治、河道治理等工程。

生活污染治理方面，流域内在建垃圾热解发电项目 6 个，已完工（试）运行 9 个，威信县第二生活垃圾处理场已进入试运营。流域 17 个乡镇 152 个行政村 3 287 个自然村生活垃圾收运体系正在同步完善。流域内镇雄县污水处理厂提标改造及扩建项目已完成总工程量 35%，推进乡镇集镇污水处理及配套管网建设，完成银厂村、鱼洞村、拉埃村、板桥村等农村环境综合整治工程。

农村面源污染治理方面，镇雄县推进 6 924 座无害化卫生户厕改造工作；启动畜禽养殖污染治理项目建设，新建 1 000 m^3 的大型沼气池 2 座、2 万 t 有机肥厂及粪污收集运输中心 2 个；2020 年以来，共推广使用新型农药器械 2 962 台，完成农作物病虫害绿色防控 36 万亩，统防统治率达 40%以上。威信县完成自然村公厕改造 5 座、户厕改造 651 座；排查整治 23 个集中养殖场；完成测土配方施肥技术推广 26.9 万亩，化肥使用量同比减少 3%，农药使用量同比减少 6.4%。

小水电站拆除清退方面，昭通市流域内 17 座水电站及拦河坝全部拆除完毕，搬迁安置沿岸群众 2.73 万人，退耕还林 30.6 万亩，调整产业结构，建成竹基地 39.7 万亩。

硫黄矿渣整治方面，流域内共有 19 个历史遗留硫黄冶炼废渣堆点，主要硫黄矿区位于镇雄县母享镇、坡头镇等乡镇。目前镇雄县黑树镇王家沟、坡头镇海塘点、坡头镇分水岭、仁和下街、老街黄厂、周家湾和母享柏杨林桥边硫黄矿渣整治项目先后启动。

流域生态保护与修复方面，推进流域退耕还林还草；开展禁捕专项行动，开展联合执法和常态化河道巡查，非法捕捞得到基本遏制；推进赤水河流域长江上游珍稀特有鱼类国家级自然保护区基础设施建设，启动威信县 32 亩繁育基地项目，开展流域河湖管护岸线、禁建区划定、原禁养区评估调整和生态缓冲带划定等工作。

流域高质量发展方面，协助省推长办（省发改委）完成了赤水河流域（云南段）绿色高质量发展规划制定和意见征求，计划通过流域环境综合治理、山水林田湖草系统保护与修复、特色产业绿色发展、生态产品价值实现示范等多个行动系统集成，力争到 2025 年基本实现流域绿色高质量发展。

（3）四川省开展工作

在规划引领源头治污方面，2014 年，四川省泸州市印发《赤水河流域（泸州段）环境保护规划（2014—2020 年）》，确定流域内不予新建化工、造纸等重污染企业，禁止开采污染水环境的硫铁矿等矿产资源，干流上无水电站。2018 年，编制《泸州市绿色发展规划》《长江沱江沿岸生态优先绿色发展规划》，创新构建流域生态优先绿色发展指标体系。推进重点产业、园区规划环评。严格按照三线一单和国家产业政策优化沿河产业空间布局，严格依据资源环境承载力评估结果进行生产力布局，严禁在干流及主要支流岸线 1 km 范围内新建布局重化工园区和危化品码头。制定实施分年度落后产能淘汰方案，化解一批过剩产能，退出一批低端产能，已全面取缔"十小"企业。严控煤炭生产消费总量，通过并转压产，完成一批煤改气项目等，确保煤炭生产消费总量负增长。2019年，为进一步推动省际省内流域横向生态保护补偿机制建设，四川省印发《四川省赤水河流域横向生态保护补偿实施方案》（川环函〔2019〕879号），确定了省、市、县三级共同筹集资金，市、县两级均享受资金分配权，共同承担生态环境保护责任的模式。

在工业污染源整治方面，全面排查整治沿河工业污染源，强化工业集聚区污染治理。先后对赤水河流域四川省古蔺郎酒有限公司等 20 余家重点工业企业开展污染治理，关停小造纸厂、酿酒作坊共 150 余家，古蔺经济开发区二郎园区污水处理厂正常运行。

在城镇污染治理方面，建成城镇污水处理厂 44 座（县城 2 座，一级场镇 42 座），污水处理规模达 6.68 万 t/d；实施赤水河流域三个县城镇雨污分流改造工程，建成管网 373.5 km，实现赤水河流域泸州段城镇污水处理厂全覆盖。提升生活垃圾处理能力，建成合江县、叙永县、古蔺县城乡生活垃圾转运设施，建成古叙垃圾焚烧发电厂（设计处理规模 600 t/d），全力推动生活垃圾"户集、村收、镇转运、县处理"。

在农业农村面源治理方面，结合乡村布局规划，开展以增施有机肥、培肥地力为重点的中低产田改良工作，引导农民施用农家肥培肥土壤。2020 年，赤水河流域农用化肥使用量 13 335 t，比 2019 年减少 740 t；2020 年，农药使用量 570.67 t，较 2019 年减少 19.34 t，农药、化肥年使用量全部实现负增长。有序推进废弃农膜回收利用，古蔺县大力实施2020 年省级财政废旧农膜回收试点项目，重点乡镇、重点村设置废旧地膜回收点。烟草公司对烤烟生产地膜实行全部有偿回收，每亩补助 25 元。加快推进秸秆肥料化、饲料化、基料化、原料化、燃料化利用，秸秆综合利用率达到 90%。

在生态保护修复方面，落实生态红线刚性管控，强化生态红线监督管理，严格执行分级分类管控措施，限期清理生态红线区域内不符合要求的项目和设施，严肃查处各类违法违规活动。全面推进林业生态体系建设，着力构建结构合理、功能稳定的森林生态系统，赤水河流域泸州段森林覆盖率达 51.4%。土壤治理修复方面，开展《土壤污染防治法》专项执法行动，在全省率先完成农用地土壤污染状况详查和耕地类别质量划定，实施分类管控。完成重点行业企业用地调查，完成叙永县 7 家涉镉等重金属企业整治，以及叙永县和古蔺县共两个土壤污染治理修复试点项目。在全省率先完成农用地土壤污染状况详查和耕地类别质量划定。实施分类管控，省级土壤风险管控试点区建设成效显著，顺利通过国家《土壤污染防治法》执法检查。围绕赤水河流域，在合江县、叙永县、古蔺县开展废弃露天矿山修复，完成矿山修复 78 个，恢复治理面积 49.82 hm²。通过废弃矿山修复治理，实现还耕、还林和还草，提高水土涵养能力和生态调节能力，让昔日的"荒山秃岭"变成"绿水青山"。2020 年，赤水河流域累计治理岩溶区面积 669.6 km²，其中石漠化面积 376.9 km²。

12.2.4 流域生态补偿开展情况

2018 年年初，财政部、环境保护部、发展改革委、水利部印发《中央财政促进长江经济带生态保护修复奖励政策实施方案》（财建〔2018〕6 号），财政部印发《关于建立健全长江经济带生态补偿与保护长效机制的指导意见》（财预〔2018〕19 号），鼓励长江经济带跨省（市）建立流域横向生态保护补偿机制。同年 2 月，财政部、环境保护部等 4 部委在重庆召开工作会议，启动实施长江经济带生态修复奖励政策。会上，云南省、贵州省、四川省共同签订了《赤水河流域横向生态保护补偿协议》，

174

成为首个多个省份间开展的流域横向生态保护补偿试点。

2017—2020 年，中央财政通过水污染防治专项资金安排拨付云、贵、川三省长江经济带保护与治理奖励资金，分别为 13.86 亿元、17.31 亿元、23.52 亿元。其中，贵州省将长江经济带生态保护修复奖励资金中的 5.03 亿元用于支持赤水河流域污染治理、良好水体保护、饮用水水源地保护等 44 个项目；四川省统筹中央、省级资金 4.26 亿元（其中，中央资金 3.27 亿元、省级资金 0.99 亿元），对泸州市推行赤水河流域横向生态保护补偿进行奖励，共安排流域水生态环境保护项目 26 个；云南省昭通市获得 2018 年度赤水河流域三省横向生态补偿资金 6 000 万元和 2019 年度云南省补偿资金 2 000 万元，共计 8 000 万元。

（1）法制先行，三省联合推动赤水河流域生态环境保护立法

贵州省 2021 年 1 月印发《贵州省赤水河等流域生态保护补偿办法》，按照"谁超标谁付费，谁保护谁受益""市县为主，省级奖补"的原则，建立"统一方式、统一因子、统一标准"的流域横向补偿机制，调动各地各部门保护水环境的积极性，改善全省流域生态环境质量。同年 2 月，贵州省生态环境厅印发《贵州省生态环境损害赔偿案件办理规程（试行）》，主要明确了赔偿权利人的范围、生态环境案件调查范围、磋商程序以及生态环境损害赔偿与生态环境出发衔接等。

2011 年，贵州省人大常委会通过了《贵州省赤水河流域保护条例》，这是全国第一部针对流域保护而制定的地方性法规。2020 年，为加强赤水河流域保护，规范流域开发、利用、治理等活动，云南、四川两省积极推动赤水河流域保护立法工作，先后制定了《四川省赤水河流域保护条例（草案）》《云南省赤水河流域保护条例（草案）》。此外，四川、云南、贵州三省人民代表大会常务委员会共同推进出台《关于加强赤水河流域保护的决定》，并形成送审稿。两省条例草案和《关于加强赤水河流

域保护的决定（送审稿）》均包含建立健全流域生态保护补偿机制的有关规定。

（2）联防共治，促进形成流域上下游生态环保合力

早在 2013 年 7 月，三省环保部门在贵阳市签署了《三省交界区域环境联合执法协议》，形成"数据共享、信息互通、联防联治"的环境保护机制。三省还签订了《赤水河共管水域渔政管理联合工作机制协议》，决定从 2017 年 1 月 1 日起，赤水河"禁渔十年"。补偿实施以来，三省搭建合作共治的政策平台，实行流域环境保护统一规划、统一标准、统一环评、统一监测、统一执法，形成赤水河流域上下联动大保护格局，共同提升赤水河流域环境保护整体水平。

四川省泸州市与云南省昭通市、贵州省遵义市签订《赤水河流域环境保护联动协议》，就跨省重点污染源交叉执法检查等进行明确细化。2020 年 5 月，泸州市、遵义市政府签署《推进全面深化合作 2020 年行动计划》，强化区域流域环境共治和生态共保。建立突发环境事件联合处置机制：泸州市与遵义市、毕节市定期开展桌面推演，提升协同应对突发环境事件的能力；建立交叉执法检查工作机制：泸州市与遵义市签订《赤水河流域保护联动协议》，截至 2020 年，已完成 8 轮交叉执法检查，形成了"交叉检查—问题通报—督促整改—反馈意见"的长效机制；建立渔业联合保护机制：泸州市与遵义市签订《关于赤水河流域退捕禁渔监管工作机制合作协议》，协同开展赤水河流域禁渔监督管理；建立河（湖）长制工作协作机制：2020 年 8 月，泸州市、毕节市联合开展赤水河流域河长制工作调研，并在泸州市叙永县召开联防联控工作座谈会。2020 年 10 月，泸州市、遵义市联合开展赤水河流域河长制工作调研，并在遵义市、赤水市召开联防联控工作座谈会。

云南省按照《川滇黔三省交界区域环境联合执法协议》，加强与下

游市县沟通对接，强化信息共享和行动协同，共同做好区域联合执法。2020 年 7 月中旬，组织市、县两级开展赤水河流域生态保护专项执法；2020 年 9 月下旬，组织省、市、县三级联动，抽调执法业务骨干开展赤水河流域联合交叉检查，找准"病根"，采取针对性措施。

12.3 机遇与形势

（1）流域环保基础设施有待提升，生态环境承载压力较大

赤水河流经的云南镇雄、威信两县人口密度大，现有污水处理厂处理规模小，配套管网不完善，沿线乡镇"两污"设施覆盖率低，村庄治污设施严重不足，两县经济不发达，生态治理基础设施建设投入不足，历史欠账大。同时，农村粗放式种植养殖，农业面源污染普遍存在，畜禽废污资源化利用水平较低。历史遗留矿山生态修复工作任务重，还有约 420 万 t 历史遗留硫黄矿渣未得到有效治理和生态环境修复，流域生态环境承载压力大。

贵州省随着白酒行业市场升温，部分已停酿酒企业恢复生产，污水处理能力有待提升。部分停产、关闭煤矿矿坑废水需要强化治理。城镇、农村污水处理能力有待加强。

四川省拟在古蔺县茅溪镇建设年产 6.1 万 t 高端白酒产业园。项目建成后，年新增排放废水约 61 万 t，也将加大赤水河流域水环境保护压力。

（2）三省共同保护机制仍不健全

流域生态环境保护规划缺乏协同机制。赤水河流经川滇黔三省，行政体制和管理机制的条块分割，其上下游在资源禀赋、产业发展、生态保护等方面差异较大，沿岸主要产业、工业企业布局亦不尽相同，导致省际协同保护不协调、不平衡。例如，中游贵州省、四川省虽位于赤水

河左右岸，但对白酒企业污水治理标准、排污口设置等要求不尽相同；部分跨界环境污染治理责任不清晰、诉求不一致，跨界环境问题难以解决。三省未能构建利益共同体，缺乏持久保护激励机制，共同保护的利益不能转化为共享的经济社会发展利益，因而对有些省份的持久保护激励难以被持续激发。

另外，云贵川三省探索建立了赤水河流域环境保护相关工作协作机制，但省际协作、部门协作的作用有限，特别是全流域政府间、部门间、不同层次间的协调沟通机制，统筹协调流域上下游、左右岸、干支流之间发展与保护机制，统筹实施兼顾各方权益的环保措施和解决方案等方面，都难以协调统一。

（3）跨省流域补偿机制仍不稳定

赤水河流域补偿中，现行的联防联控、沟通协调机制运行不畅，原有《川滇黔三省交界区域环境联合执法协议》执行效果有限，年度工作协调会制度难以满足三省日常工作沟通需求，补偿资金清算拨付迟缓。赤水河流域横向生态补偿将于2020年结束，从生态补偿开展情况来看，成效显著，三省继续开展生态补偿意愿还比较强烈，但三省在具体断面设置、责任划分、目标制定、补偿资金来源和划分等方面，协调沟通难度较大，仍需国家政策指导和支持。补偿协议续签较慢，赤水河跨省横向生态补偿缺乏持续性和长期性。

（4）流域生态补偿方式较为单一

目前的补偿方式仍以资金补偿为主，资金来源多数为财政转移支付。补偿资金按照《水污染防治资金管理办法》要求，中央奖励资金只能用于水环境保护和治理方面，使用范围较窄，对保护者的直接补偿较少，已开展的生态建设项目未能与扶贫项目、地方经济产业结构调整有效衔接，生态效益不明显。

流域补偿的参与主体单一,"输血式"补偿多,"造血式"补偿少。赤水河流域补偿社会参与度不够,参与主体以政府为主,对依赖于流域生态环境发展的重要经济体(中游的大型白酒企业等)和广大群众并未涉及,未能有效带动多元主体参与流域共保共治。

12.4 政策建议

12.4.1 继续加强流域水环境保护与治理

以水生态保护修复为核心,深入打好污染防治攻坚战,不断提升治理体系和治理能力现代化水平。对照三省重点流域生态环境保护"十四五"规划和相关地市规划要点,重点加强上游乡镇污水、垃圾收集处理等基础设施建设,提高流域白酒企业污水治理能力,加强流域水生态保护,突出精准治污、科学治污、依法治污,强化山水林田湖草等各种生态要素的协同治理,统筹水资源、水生态、水环境,推动流域上下游地区互动协作,持续改善水生态环境质量。

12.4.2 深化流域生态环境同保共治

在联防共治基础上,继续加强流域污染共治、协调联动,建立完善的联合会商、联合监测、联合执法、应急联动等机制。建议针对突出跨界环境问题,形成有针对性的治理方案,厘清上下游、左右岸的各方责任,统筹实施跨省生态环境保护与治理项目,建立流域统一规划、统一标准、统一防治措施等流域联合协调机制,推动区域产业转型升级,促进区域高质量发展。

12.4.3　健全赤水河流域补偿长效机制

云、贵、川三省应提前准备，积极沟通，建立密切的流域日常沟通协调机制，对补偿协议定期续签、补偿政策目标确定等做出常态化的制度安排，对流域协调绿色发展提出有针对性的合作方式，持续促进水质改善，造福流域内三省百姓。研究科学、可行的补偿新标准，梳理补偿责任关系，充分考虑上游地区损失的发展机会成本、付出的环境治理成本、创造的生态资产价值。

12.4.4　积极探索市场化、多元化补偿机制

推进生态补偿与民生改善、生态扶贫、乡村振兴、引导和规范产业发展等协同开展，支持生态补偿资金用于环保公益岗、生态移民、就业培训等方面。

加大社会资本投入力度，按照"谁污染谁治理，谁受益谁补偿"的原则，引导流域内重点涉水企业出资保护流域生态环境，鼓励和吸引公众参与和社会捐赠，通过市场化手段，逐步减少对财政资金的依赖。积极推进项目援助、对口协作、产业转移、人才培训、共建园区等多元化补偿，使生态保护者和受益者之间的互动关系更加协调，形成赤水河流域生态环境共同保护格局。

参考文献

[1] "国之重器"三峡工程日前完成整体竣工验收[J]. 水利科技，2020（4）：17.

[2] 邹学荣. 如何认识三峡工程的历史与时代意义[J]. 人民论坛. 学术前沿，2016（2）：31-49.

[3] 陆大道. 长江大保护与长江经济带的可持续发展——关于落实习总书记重要指示，实现长江经济带可持续发展的认识与建议[J]. 地理学报，2018，73（10）：1829-1836.

[4] 杨晶晶，王东，马乐宽，等. 贯彻落实《长江保护法》，建立健全长江流域生态环境保护规划体系[J]. 环境保护，2021，49（3-4）：89-93.

[5] 吕忠梅. 关于制定《长江保护法》的法理思考[J]. 东方法学，2020（2）：79-90.

[6] 董战峰. 解读《长江保护法》，为长江经济带绿色发展立规矩[EB/OL]. http://www.china.com.cn/opinion2020/2020-12/30/content_77065401.shtml.

[7] 王金南，孙宏亮，续衍雪，等. 关于"十四五"长江流域水生态环境保护的思考[J]. 环境科学研究，2020，33（5）：1075-1080.

[8] 何艳梅.《长江保护法》关于流域管理体制立法的思考[J]. 环境污染与防治，2020，42（8）：1054-1059.

[9] 曹国志，於方，王金南，等. 长江经济带突发环境事件风险防控现状、问题与对策[J]. 中国环境管理，2018，10（1）：81-85.

[10] 续衍雪，吴熙，路瑞，等. 长江经济带总磷污染状况与对策建议[J]. 中国环境管理，2018（1）：70-74.

[11] 王金南，寇江泽. 以生态补偿推动共抓长江大保护[N]. 人民日报，2018-09-17（14）.

[12] 徐梦佳，刘冬，葛峰，等. 长江经济带典型生态脆弱区生态修复和保护现状及对策研究[J]. 环境保护，2017，45（16）：50-53.

[13] 彭春兰，陈文重，叶德旭，等. 长江宜昌段鱼类资源现状及群落结构分析[J]. 水利水电快报，2019，40（2）：79-83.

[14] 朱振肖，王夏晖，张箫，等. 湖北省长江三峡地区山水林田湖草生态保护修复实践探索与思考[J]. 环境工程技术学报，2020，10（5）：769-778.

[15] 王夏晖，何军，饶胜，等. 山水林田湖草生态保护修复思路与实践[J]. 环境保护，2018（Z1）：17-20.

[16] 张慧，徐海根，马孟枭. 以科技创新推动长三角区域一体化绿色高质量发展[J]. 环境保护，2020，48（23）：37-39.

[17] 史慧慧，程久苗，费罗成，等. 1990—2015年长三角城市群土地利用转型与生态系统服务功能变化[J]. 水土保持研究，2019，26（1）：301-307.

[18] 辛志伟，付军，李安定. 生态环境科技成果转化顶层设计研究[J]. 中国环境管理，2019，11（1）：72-75.